U0755398

过渡金属掺杂硅基纳米材料的密度泛函理论研究

侯 茹 著

陕西新华出版传媒集团

陕西科学技术出版社

———— 西安 ————

图书在版编目（CIP）数据

过渡金属掺杂硅基纳米材料的密度泛函理论研究 /
侯茹著. -- 西安：陕西科学技术出版社，2022.12
ISBN 978 - 7 - 5369 - 8572 - 8

Ⅰ. ①过… Ⅱ. ①侯… Ⅲ. ①过渡元素 - 掺杂 - 硅基
材料 - 纳米材料 - 密度泛函法 - 研究 Ⅳ. ①TB383

中国版本图书馆 CIP 数据核字（2022）第 186173 号

过渡金属掺杂硅基纳米材料的密度泛函理论研究

侯茹 著

出 版 人	崔　斌
责任编辑	郭　勇　　马　莹
封面设计	曾　珂
监　制	张一骏

出 版 者　陕西新华出版传媒集团　　陕西科学技术出版社
　　　　　西安市曲江新区登高路 1388 号陕西新华出版传媒产业大厦 B 座
　　　　　电话（029）81205187　　传真（029）81205155　　邮编 710061
　　　　　http://www.snstp.com

发 行 者　陕西新华出版传媒集团　　陕西科学技术出版社
　　　　　电话（029）81205180　81205192

印　刷　陕西隆昌印刷有限公司

规　格　787mm×1092mm　16 开本

印　张　10.25

字　数　156 千字

版　次　2022 年 12 月第 1 版
　　　　2022 年 12 月第 1 次印刷

书　号　ISBN 978 - 7 - 5369 - 8572 - 8

定　价　68.00 元

版权所有　翻印必究

目　录

绪　论

　　20 世纪 80 年代之前，物理学所研究的系统通常有宏观和微观之分，它们是按物体的尺寸大小划分的。物体尺寸大于 10^{-7}m 属于宏观系统，宏观物体包括小到微米级物体，大到宇宙天体。宏观物体中含有大量粒子，其宏观特性是大量微观粒子的集体表现，宏观物理量是相应的微观量的统计平均值。由于粒子数量极大，因此量子力学规律在宏观物理量中没有显示出来，这些物理量遵循牛顿力学和爱因斯坦的相对论。物体尺寸小于 10^{-7}m 属于微观系统，包括从最小的基本粒子（即夸克）到原子和分子。由于这些物体的尺寸太小，物体的德布罗意波长比较长，物体的波动性比较明显，因此遵从量子力学规律。当人们沿着这 2 个方向研究物质世界时，发现介于宏观系统和微观系统之间，存在一个比微米更小、但比分子更大的物质系统。这个系统中的物体尺寸虽属于宏观系统，但是在实验中观测其物理量（像宏观那样定义和测量）却呈现出量子特征。也就是这个系统是一个具有微观系统特征的宏观系统。为了将其与宏观和微观系统区别开来，1976 年，Van Kampen[1] 提出了介观（mesoscopic）系统。

　　什么是介观系统呢？通俗地讲，就是指尺寸介乎于微观和宏观之间系统，其尺寸在 $10^{-7} \sim 10^{-6}$m 之间。事实上，介观系统的尺寸由所研究的物性和系统的温度而定，在 1K 的低温下，其尺寸可达几十到几百微米。若用物理学专业术语来定义，一般文献上把特征长度相当或小于单粒子波函数相位相干长度的微小长度的系统称为介观系统。[2] 这是从介观体系的本质定义的。从本质讲是系统尺寸较小，其德布罗意波长比较长，波动性凸现。粒子波函数经相干叠加，由于系统尺寸小，所含粒子数少，其本位并未被系统统计平均掉，所以介观系统具有量子力学的特征，且表现出许多独特的现象，如 Aharonov – Bohm 效应[3]、普适电导涨落[4,5]、库仑阻塞[6]、量子点接触的电导量子化[7,8]等。介观系统处于统计力学和量子力学的交叉领域，填补了宏观与微观系统之间的空白。研究此类尺寸缩小的宏观物体中量子相干性引起的物理问题，便形成了所谓的"介观物理"的学科。[9]

介观系统是具有微观特征的宏观系统，对它的研究既可以作为理解宏观物体性质的一个中介途径，又有助于对量子力学和统计物理学的一些基本原理进行理论上的澄清和实验上的检验。另外，微电子技术的发展使元件进入了介观范围，并进入纳米尺寸范围，纳米科技应运而生。

第一章 纳米科技

第一节 纳米科技概述

一、纳米科技的基本概念

纳米（nonametre，nm）是长度单位之一，原称毫微米，1nm 为百万分之一毫米，也就是十亿分之一米，通俗地理解就是头发丝的万分之一粗细。原子的半径就是这个数量级。纳米科技（nanotechnology）也称毫微技术，是指在纳米尺度（1～100nm 之间）上研究物质（包括原子、分子的操纵）的特性和相互作用，以及利用这些特性的多学科交叉的科学和技术，它使人类认识和改造物质世界的手段和能力延伸到原子和分子。而纳米科技的最终目标[10]是直接以原子、分子及物质在纳米尺度上表现出来的新颖的物理、化学和生物特性，制造出具有特定功能的产品。纳米科技是纳米科学和技术的简称。1993 年，在美国召开的第一届国际纳米技术大会（INTC）上，将纳米科技划分为 6 大分支：纳米物理学、纳米生物学、纳米化学、纳米电子学、纳米加工技术和纳米计量学。纳米科技的发展离不开量子力学、介观物理等现代科学与计算机、微电子和扫描隧道显微镜等先进工程技术。纳米科技的诞生，将对人类社会产生深远的影响，并有可能从根本上解决人类面临的健康、能源和环保等问题。著名科学家钱学森 1991 年预言[11]："我认为纳米左右和纳米以下结构将是下一阶段科技发展的重点，会是一次技术革命，从而将是 21 世纪又一次产业革命。"

世界各国的纳米科技研究工作正如火如荼地蓬勃发展着，而且已经取得了巨大的成就。当前，人们迫切需要了解和掌握纳米材料和技术的基本知识和发展趋势，为知识创新、技术创新和产品创新奠定基础。

二、纳米科技的发展史

纳米科技的灵感，来自于 1959 年著名理论物理学家费曼的预言。他当时这样预言："物理学并不排斥通过操纵单个原子来制造物质。这样做并不违反任何原理，而且原则上是可以实现的。毫无疑问，当我们对细微尺度的事物加以操纵的话，将大大扩充我们可能获得物性的范围。"[11] 1982 年，德国的 G. Binnig 和瑞士的 H. Rohrer 根据量子力学原理中的隧道效应设计出了扫描隧道显微镜。[12] 扫描隧道显微镜的诞生，使人类能够实时观测到原子在物质表面的排列状态和与表面电子行为有关的物理化学性质，为纳米科技提供了眼睛和手，从此开启了纳米科技的研究之旅。1988 年，科学家从由扫描隧道显微镜激发的纳米尺度的局部区域观测到了光子发射，从而使发光及荧光等现象能够在纳米尺度上进行，从此扫描隧道显微镜在纳米科技研究中大显身手，加速了纳米科技研究之旅。1990 年，Don Eigler[13] 用扫描隧道显微镜装置一次移动 1 个原子，在 Ni（110）面上用 35 个 Xe（氙）原子拼缀出"IBM"3 个字母（图 1-1），完成后用扫描隧

图 1-1 镍原子排列成的 IBM

道显微镜扫描一遍，字母清晰地显示在屏幕上：费曼的预言变成了现实。Don Eigler 也成为将人类希望能按需排布和操纵原子的梦想变成现实的第一人。不久，科学家们不仅能够操纵单个原子，而且还能够"喷涂原子"，即使用分子束外延长生长技术，每次只造出一层分子。现代制造计算机硬盘读写头使用的就是这项技术。1990 年，第一届纳米科技会议在美国召开[14]，会上各国科学家们讨论和

展望了纳米科技的前沿领域和发展趋势，将纳米科技分为纳米物理学、纳米化学、纳米材料学、纳米生物学、纳米电子学、纳米加工学和纳米力学 7 个相对独立的分支领域，还决定出版《纳米结构材料》《纳米生物学》和《纳米技术》3种杂志，并正式宣布纳米材料学是材料科学的一个新分支，标志着纳米科学技术的正式诞生。从此。纳米科技引起了世界各国科学家们的极大兴趣和广泛重视，形成了世界范围内的"纳米热"。

1993 年，中国科学院北京真空物理实验室自如操纵原子成功写出"中国"二字（图 1-2），标志着我国开始在国际纳米科技领域占有一席之地。我国在纳米科技中研究成果累累，在国际上有巨大影响的有 2件：第一件是 2010 年清华大学薛其坤院士团队在实验上首次观测到量子反常霍尔效应[15]，即在不加磁场的条件下，可实现电子的"高速公路"、电子的有序运动，为发展低能耗电子器件、拓扑量子计算等未来的信息技

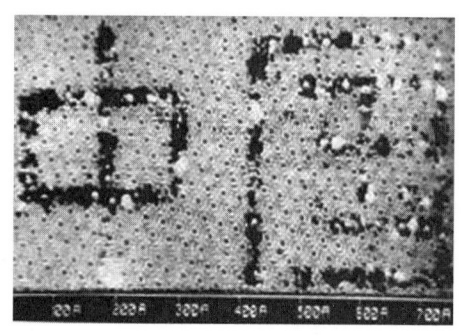

图 1-2　中国科学家用原子写出的"中国"

术奠定了基础。诺贝尔奖得主杨振宁先生高度赞誉其为中国实验室里发表的诺贝尔奖级的物理学论文。这一发现被视作"世界基础研究领域的一项重要科学发现"。第二件是 2013 年中国科技大学微尺度物质科学国家实验室侯建国团队在全球首次实现亚纳米分辨的单分子光学成像[16]，将具有化学识别能力的空间成像分辨率提高到前所未有的 0.5nm（约为人的头发丝的十二万分之一）。世界著名纳米光子专家 Atkin 和 Raschke 教授认为此项研究是"该领域创建以来的最大进展"。1997 年，美国科学家首次成功地用单电子移动单电子，这项技术有望用于制造速度和容量比现在提高成千上万倍的量子计算机。巴西和美国科学家发明的世界上最小的"秤"[17]可衡量十亿分之一的物体，也就是可以称出一个病毒的质量。此后，纳米科技逐步走向市场。

第二节　纳米材料

一、纳米材料的概念

材料是指经过某种加工，具有一定结构、成分和性能，可用来制造物质产品的物质。是人类从事生产和生活的物质基础，是人类文明的重要支柱。人类社会的发展与材料的发展密切相关，新材料的问世及应用往往会引起人类社会的重大变革。如蒸汽机的广泛使用给人类带来第一次工业革命，机器代替了手工劳动，解放了生产力，使人类第一次征服了时间和空间。电磁力的发明和广泛使用给人类社会带来第二次工业革命，使人类能上天入海，扩大了人类认识世界的范围。纳米科技所研究的领域是人类过去从未涉及的非宏观、非微观的介观系统，开辟了人类认识世界的新层次，也使人们改造自然的能力直接延伸到原子、分子水平，标志着人类的科学技术进入了一个新时代，即纳米时代。以纳米科技为中心的新科技革命正如多位科学家曾预言的那样，它将会是 21 世纪的主导科学，纳米材料和技术成为纳米科技领域中最富有活力、研究内涵十分丰富的学科分支。

通常，人们把具有纳米尺度（尺寸介于 0.1~100 nm 范围）结构单元的材料叫纳米材料。[18] 目前，纳米材料还没有统一的命名，不同文献给出纳米材料的定义不同。国际标准化组织/技术标准 80004 中定义，纳米材料为"具有任何外部维度在纳米级或具有纳米级尺寸的内部结构或表面结构材料"，纳米级是指"长度范围为 1~100nm"。包括纳米物体和纳米结构材料，纳米物体是离散的材料块，纳米结构材料的内部或表面结构的尺度为纳米，纳米材料可以是这两类中的一员。[19] 2011 年，欧盟委员会给出的纳米材料的定义是这样的："一种天然的、偶然的或人为制造的材料，所包含的粒子在数量分布上有 50% 及以上，其 1 维或者多维的外部结构在 1~100nm 的范围以内，不论它们是以分散状态，还是以团粒或者聚合物方式存在的（注：粒子是指具有清晰的物理边缘的一些小粒物质；团粒是指单个的粒子通过弱作用力结合在一起，形成团聚体，使其外部的表面积近似其个体组成的表面积的和；聚合物是指一团粒子，是由强作用力结合在一起的，或者是由融化的粒子组成）。在特定情况下，如果出于对环境、健康、安全或竞争的考虑，粒子分布50%的限值，也可能被调整到1～50%之间。"[20] Buzea Cristina[21]给出纳米材料的定义是："在三维空间中至少有一维处于纳米尺度范围或由它们作为基本单元构成的材料"。这3种定义是从不同角度考虑定义纳米材料：国际标准化组织/技术标准是从技术标准定义的，欧盟委员会是从安全和健康的角度考虑。普遍认可的纳米材料用的是 Buzea Cristina 定义的，即"在三维空间中至少有一维处于纳米尺度范围或由它们作为基本单元构成的材料"。

二、纳米材料的分类

为了便于研究，有必要对林林总总的纳米材料进行分类。分类时，根据不同，分类方法就会有多种。一般来讲，有以下几种分类方法：

1. 按材料来源分

纳米材料按材料来源来分，可分成天然材料和人造材料。天然的纳米材料分为纳米微粒和纳米固体。天体的陨石碎片，人体和兽类的牙齿由纳米微粒构成。海洋中也存在天然的纳米微粒。有科学家发现，南太平洋中小于120nm的海洋胶体粒子是纳米粒子，且其深度分布奇特。有趣的是人们在研究生物与磁的关系时发现，一些生物（涵盖了从水生动物到陆生动物，从低级渺小的微生物到高等进化的脊椎动物、哺乳动物的整个范围）体内竟然有磁性纳米材料。特别明显地有蜜蜂、螃蟹、大海龟、家鸽和鲨鱼，这些昆虫和小动物们就是靠磁性纳米粒子进行导航的。[22]

纳米材料中大部分是人造材料。最早的人造纳米材料当属我国古代的书画墨、染料和古代铜镜表面的防锈层。人类目前制造出具有很多功能的纳米材料，如人造表面清洁纳米微粒、纳米陶瓷微粒、纳米超晶格结构以及其他一些纳米复合材料。

2. 按维数分类

纳米材料的基本单元可分为 3 类：

（1）零维纳米材料，指在空间三维尺度均在纳米尺度，如纳米尺度颗粒、原子团簇等；

（2）一维纳米材料，指在空间有两维处于纳米尺度，如纳米丝、纳米棒、纳米管等；

（3）二维纳米材料，指在三维空间中有一维处于纳米尺度，比如超薄膜、多层膜、超晶格等；

（4）三维纳米材料。

3. 根据量子性质分类

纳米材料根据量子性质可分为 3 类：量子点[23]（也称为人造原子，是由一定数量的实际原子组成的聚集体，尺寸小于 100nm，即零维纳米材料），量子线[24]（即一维纳米材料），量子阱[25]（即二维纳米材料）和纳米晶体材料。[26]

4. 按形态分类

纳米材料按形态分，可分为原子团簇、纳米颗粒和粉体、纳米管、纳米丝（也称纳米线）、纳米带、纳米片、纳米薄膜和介孔等。

5. 按结构分

纳米材料按结构可分为 2 类：第一类纳米材料结构全部由晶料和晶界 2 种结构组成，所有的结构基元尺寸都为纳米量级。材料结构界面的浓度很大，这种高浓度界面结构使材料具有紧密的结构，性能也变化巨大[27]；第二类是低密度具有大量纳米尺寸空洞的无规网络结构，此类材料全部结构由纳米晶粒和纳米空间，有时还有纳米骨架和比纳米晶粒更小的亚稳原子团簇组成，其密度低，具有巨大的无规则网格结构，其中分布着错综复杂的通道和孔洞结构，且表面浓度很大，同时也具有大量的界面结构。

6. 按化学成分分类

纳米材料根据化学成分可分为：金属纳米材料、无机非金属纳米材料、高分子纳米材料、纳米复合材料。

7. 按功能与应用分类

纳米材料根据功能和应用可分为：结构纳米材料、功能纳米材料、生物医用纳米材料等。

三、纳米材料的发展简史

天然纳米材料可能自物种起源就有，人类却是很晚才发现的。最早的人造纳米材料，应该从 1000 多年前中国古代人通过燃烧松枝、桐油等物品所收集的碳黑作为墨的原料、用于着色的染料以及铜镜表面的防锈层算起。但是由于当时科技不发达，人们对它们认识不足，还不知它们都是由纳米尺度的小颗粒构成。一般文献认为，纳米材料的研究起源于胶体化学的建立，当时科学家们研究 1 ~ 100nm 的粒子体系，但是当时只是从化学角度作为宏观体系的中间环节进行研究的。[11] 1959 年费曼提出设想，在原子或分子的尺度上加工制造材料和器件，制造几千纳米的电路和 10 ~ 100nm 的导线。1962 年，R. Kubo 提出的 Kubo 理论[28]：金属的超微粒子将出现量子效应，显示出与块体金属显著不同的性能。1969 年，Esaki 和 Tsu 提出了半导体超晶格[29] 的概念，随后 Esaki 和张立纲等制备了能隙大小不同的半导体多层膜，在实验中实现了量子阱和超晶格。1984 年，Gleiter 制备出金属纳米粒子，然后在真空中原位加压制备出 Pd、Cu、Fe 等金属纳米块状材料，提出了纳米晶概念。[30] 1985 年，Kroto 和 Smalley 等人发现 C_{60}。[31] C_{60} 的结构和建筑师巴克明斯特·富勒的作品相似，因此命名为巴克明斯特·富勒烯，简称富勒烯，也称为巴基球（Buckyballs）或者足球烯，是由 60 个碳原子组成的足球型的新奇结构，这种结构与常规的碳的同素异构体金刚石结构和石墨层状结构完全不同，而且物理性质很奇特，它本身是绝缘体，掺杂碱金属后成金属性的导体，如果掺杂成分合适还能成为超导体。1991年，日本电子公司（NEC）的 Iijima 博士[32] 用电弧放电法合成富勒烯时，在石墨阴极上发现了碳纳米管。它是多层同轴管，被称为巴基管（Bucky tube）。碳纳米管是石墨中的1层或多层碳原子卷曲而成的笼状"纤维"，内部是空的，外部直径只有几到几十纳米。这样的材料很轻，但很结实，它的密度是钢的1/6，而强度却是钢的100倍。1994年，Ali D.[33] 等人成功研制出的单电子晶体管使人们对于纳米结构的研究对诞生下一代量子器件的重要性有了进一步的认识。

国家纳米科学首席科学家张立德教授从研究内涵和特点将20世纪70年代纳米颗粒问世以来的纳米材料发展历史划分成3个阶段：

第一阶段（1990年以前）：主要在实验室探索用各种手段制备各种材料的纳米颗粒粉体或合成块体，研究评估表征的方法，探索纳米材料不同于普通材料的特殊性能。研究对象一般局限在单一材料和单相材料，国际上通常将这种材料称为纳米晶或纳米相材料。

第二阶段（1990—1994年）：人们关注的热点是如何利用纳米材料已发掘的物理和化学性质，设计纳米复合材料。复合材料的合成和物性探索一度成为纳米材料研究的主导方向。

第三阶段（1994年至今）：纳米组装体系、人工组装合成的纳米结构材料体系正在成为纳米材料的新热点。纳米结构设计、异质、异相和不同性质的纳米基本结构（零维纳米微粒、一维纳米管、纳米丝）的组合、纳米尺度基本结构的表面修饰改性等形成了当今材料研究的热点。国际上把这类材料称为纳米组装材料体系或者纳米尺度的图案材料。这一阶段研究的特点强调要按人们的意愿设计、组装、创造新的体系，更有目的地使该体系具有人们所希望的特性。

四、纳米材料的量子效应

当材料某一维度的尺寸小到可与光波波长、电子德布罗意波长、超导态的相干长度或透射浓度相当或更小时，电子和空穴在该方向上的运动受到限制。与块体材料相比，电子失去该方向上的自由度，这些材料称为低维材料，它们会呈现出量子化的特征，因此会显示出许多与常规材料不同的奇特的量子效应。纳米材料一般具备以下 4 种量子效应：

1. 量子尺寸效应[34]

量子尺寸效应源于材料尺寸减小以后带来的电子态密度的变化。它是指当材料的尺寸下降到某一值时，金属费米能级附近的电子能级由准连续变为离散能级的现象，纳米半导体微粒存在不连续的最高被占据分子轨道（HOMO）和最低未被占据分子轨道（LUMO）能级，能隙变宽，由此导致纳米微粒的磁、光、声、热、电、催化和超导性等特性与同质的宏观材料的性质存在显著差异，即出现反常现象。如金属都是导体，但金属纳米材料的电阻随着尺寸下降而增大，电阻温度系数下降甚至变成负值；相反原来是绝缘体的氧化物达到纳米级时，电阻反而下降。量子尺寸效应产生最直接的影响就是纳米材料吸收光谱的边界蓝移（即吸收光谱的频率在光谱线上向蓝端的方向移动，也就是说波长缩短）。[35] Brus[36] 研究的蓝移与材料粒子半径的关系就明显地证明了量子尺寸效应。他的研究结果表明蓝移与粒子半径有关粒子尺寸越小，激发态能移越大，吸收峰蓝移。量子尺寸效应不仅仅与粒子尺寸相关，还受其他因素影响。如 Kevan 等[37] 关注了温度对量子尺寸效应的影响。他们的研究结果显示，当温度提高时，不仅纳米晶体的粒度增加，而且在 450℃退火后仍能保持明显的量子尺寸效应。我国固体研究所的孟国文[38] 团队发现，量子尺寸效应还与掺杂的材料有关。量子尺寸效应使纳米技术在微电子学和光电子学地位显赫。

2. 表面效应

随着纳米粒子半径的减小，纳米材料的表面原子数迅速增加。表面原子所处的环境与内部原子不同，配位数小，有许多悬空键，使得表面原子有很高的化学活性，极不稳定，易于与其他原子相结合。配位越不足，越不稳定。因此将纳米粒子的表面原子数与总原子数之比随粒径减小而急剧增大后引起性质上的变化的现象称为表面效应[39]，也称为界面效应。表面效应使得纳米材料在催化、太阳能利用、传感器、功能性材料的开发和应用方面起着十分重要的作用。

3. 宏观量子隧道效应

隧道效应是由波动性所确定的量子效应。简单地讲，就是当微观粒子的总能量小于势垒高度时，该粒子仍能穿越这一势垒，换句话说就是虽然势垒的能量大于微观粒子的总能但是对于微观粒子来说，势垒犹如隧道一样可以穿越，因此称为量子隧道效应。这种现象经典力学不能说明其原因，但是用量子力学的观点却可以解释。量子力学认为微观粒子具有波动性，其运动用波函数描述。而波函数遵循薛定谔方程，薛定谔方程的解给出了微观粒子出现在各个区域的概率密度，从而可知微粒穿过势垒的概率。近年来，人们发现一些宏观量如微粒的磁化强度等也具有隧道效应[40]，被称为宏观量子隧道效应。宏观量子隧道效应的研究对基础研究及实用都有着重要的意义，因为宏观量子隧道效应限定了器件的微型化的极比如当微电子器件微化到一定极限，电子就通过隧道效应而穿越绝缘层，使器件无法正常作，又例如还可限定了磁带、磁盘进行信息贮存的时间极限[11]。

4. 小尺寸效应[41]

当粒子的尺寸与光波波长、电子德布罗意波长、超导态的相干长度或透射浓度相当或更小时，晶体周期性的边界条件将被破坏，非晶体纳米粒子的颗粒表面层附近原子密度减小，导致声、光、电、磁、热和力学等特征呈现出新的物理性质的变化叫小尺寸效应。例如，金属超微颗粒对光的反射率通常低于1%，且尺寸越小，金属颜色越黑，利用该特性可作为高效率的光热、光电等转换材料，高效率地转化太阳能为电能或热能，也可用于红外敏感元件、红外隐身技术等。物质的磁性矫顽力也与尺寸相关。宏观大物块的磁性与纳米微粒的不同。当纳米微粒的尺寸小到单磁畴临界值时具有较高的矫顽力，可制成磁性信用卡、磁性车票、磁性钥匙等。纳米材料的热学性能也随着尺寸粒径的变小有变化。固态物质的尺寸较大时，其熔点是固定的，但是当超微细化后其熔点明显降低，当粒径小于10nm时更明显。利用这个性质可在较低温度下烧制大功率的半导体管的基片，而且基片不必采用耐高温的陶瓷材料。超微颗粒熔点下降的性质也可用于粉末冶金工业。众所周知，陶瓷材料在通常情况下呈脆性，但是把纳米颗粒压制成纳米的陶瓷材料却具有良好的韧性，使陶瓷材料的力学性质发生了变化。另外，小尺寸效应可表现在超导、介电和声学特性等方面。[42]

五、纳米结构

纳米结构体系表现出的这些特殊效应以及奇特的物理学和化学性质，成为当前纳米材料领域派生出来的含有丰富的科学内涵的一个重要的分支学科，其与下一代量子结构器件紧密相关，因此受到材料学界的关注。纳米结构可以把纳米材料基本单元分离出来，使研究单个纳米单元的行为特性以及它们之间的耦合效应和协同作用成为可能，加之组装纳米结构时可按人的意志排列纳米结构单元形成新的体系，这是纳米材料走向实用化的关键，因此纳米结构和纳米结构器件化研究正在成为纳米研究的新起点。美国加利福尼亚大学的科学家在《自然》杂志上发表论文指出，纳米结构的组装体系很可能成为纳米材料研究的前沿主导方向。

1. 纳米结构的概念

纳米结构是以纳米尺度的物质单元为基础，按一定规律构造或营造一种新的体系，它包括一维的、二维的、三维的体系。这些物质单元包括纳米微粒、稳定的团簇或人造超原子、纳米管、纳米棒、纳米丝以及纳米尺寸的孔洞。[43]

2. 纳米结构的组装[43]

纳米结构组装目前有 2 种分类方法：第一种根据纳米结构组装体系构筑过程中的驱动力是靠外因还是内因，大致可分为 2 类：一类是人工纳米结构组装体系，另一类是纳米结构自组装和分子自组装。第二种是按组装的对象来分，可分为：零维纳米粒子的组装，一维纳米材料的组装，二维纳米片的组装及多种对象的组装。

所谓人工纳米结构组装体系，是指按人类的意志，利用物理和化学的访求人为地将纳米尺度的物质单元组装、排列，构成一维、二维和三维的纳米体系，包括纳米有序阵列体系和多孔复合体系。这里人的设计和参与制造起到决定性作用。

所谓纳米结构的自组装体系，是指通过弱的和较小方向性的共价键，如氢键、范德瓦耳斯键和弱的离子键协同作用，把原子、离子或分子连接在一起构筑成一个纳米结构或纳米结构的花样。

自组装技术是"自下而上"方法中的重要技术手段，实现由原子或分子在纳米尺度上构造特定结构和功能的器件。[44]目前，纳米材料的自组装方法主要是通过先制备低维纳米材料，然后再将其通过后续自组装过程获得各种超结构。纳米结构的自组装体系的形成有 2 个重要条件：一是有足够数量的非共价键或氢键存在，这是因为这些键都比较弱，只有足够量的弱键存在，才能通过协同作用构筑成稳定的纳米结构体系；二是自组装体系能量较低，否则很难形成稳定的自组装体系。

1994 年，Ali D. 通过组装纳米材料成功研制出单电子晶体管后，纳米组装器件日渐增多。2000 年，Kim[45]等人研究了多孔 6H – SiC 的发光性质，发现蓝绿光发光强度比 SiC 晶体高 100 倍。1992 年，美国的 Berkowitz[46]等人和 Chien C. L.[47]等人分别在 Co – Cu、Co – Ag 颗粒膜中发现了巨磁电阻效应。近几十年来，各个领域组装的纳米器件不胜枚举，组装纳米材料已成为纳米科学的研究热点。

六、纳米材料的制备

自 Gleiter 等人采用惰性气体凝聚和超高真空条件原位加压的技术制备了纳米金属颗粒后，制备纳米材料的方法多种多样。根据制备原理，有化学法、物理法和综合法，物理方法又分为粉碎法和构筑法；化学法则包括气相反应法和液相反应法，气相反应包含气相分解法、气相合成法和气–固反应法，液相反应法包括沉淀法、水热法、溶胶–凝胶法、冻结干燥法、喷雾法等方法。若依据制备原料状态可分为固态法、液态法及气态法。目前的这些方法主要是实验室方法，暂时还没有找到大批量的生产方法。以下简单介绍几种常用的制备方法。

1. 机械研磨法[48]

机械研磨法是机械粉碎法中的一种。机械粉碎法就是在粉碎力的作用下，固体料块或粒子发生变形进而破裂，产生更微细的颗粒。物料的基本粉碎方式是压碎、剪碎、冲击粉碎和磨碎。而机械球磨法是利用球磨机的转动或振动使硬质钢球对原料进行强烈的撞击、研磨和搅拌，使金属颗粒反复破碎，这样晶粒不断细化，直到达到纳米尺寸。这种方法工艺操作简单，成本较低，总产量大。但是由于研磨过程中会产生杂质，很难得到洁净的纳米晶体界面，而且固体分布也不均匀。高品质的纳米颗粒的粉碎已逐渐采用气流磨技术。20 世纪 70 年代，德国开发的液化床逆向气流磨可粉碎更高硬度的物料粒子，而且产品粒度微细、粒度分布窄、粒子表面光滑、形状规则、纯度高，分散性好。气流磨技术已引起人们的重视，且在磁性材料、医药、陶瓷和化工颜料等行业有广阔的应用前景。

2. 离子溅射法[11]

用 2 块金属板分别作为阴极和阳极，阴极为蒸发用材料，在两电极间充入 Ar，两极之间电压范围在 0.3 ~ 1.5kV。由于两极间的辉光放电使 Ar 粒子形成，在电场作用下 Ar 离子冲击阳极靶材表面，使靶材原子从其表面蒸发出来形成超微粒子，并在附着面上沉积下来。粒子的大小及尺寸分布主要取决于两极间的电压、电流、气体压力。采用这种方法既可制备高熔点金属，也可制备低熔点金属，而且能制备出多组元的化合物纳米微粒。

3. 化学气相沉积法[49]

化学气相沉积法是迄今为止气相法制备纳米材料应用最为广泛的方法，该方法是在一个加热的衬底上，通过 1 种或几种气态元素或化合物产生的化学元素反应形成纳米材料的过程，主要可分成热分解反应沉积和化学反应沉积。优点是产品纯度高，工艺过程可控，但是粒度较大且颗粒易团聚和烧结。改进后的等离子体化学气相沉积法颗粒无团聚和烧结，但成本较高，不适合工业化大规模生产。

4. 溶胶 - 凝胶法[11]

溶胶 - 凝胶法适合低温或温和条件下合成化合物制备纳米微粒，且已广泛应用。它是用易水解的金属化合物在某种溶剂中与水发生反应，经过水解反应成为溶胶，再经干燥或低温热处理制得纳米微粒。它的优点是产品纯度高，粒径分布均匀、化学活性高，既可制备单组分也可制备多组分混合物，而且可制备传统方法不能制备的或难以制备的产物。

近年来纳米材料的制备方法日渐增多，有气源分子束外延生长法、LB 技术等。虽然方法很多，但都是实验室生产的方法，工业化大规模生产技术还在寻找中，已有的方法缺少理论模型，还不能控制材料尺寸、表面状态等问题。纳米材料的制备仍是纳米科技的研究热点。

七、纳米材料的应用

近年来，由于纳米材料表现出来的奇特物理化学性为人们设计新产品提供了新的机遇，已经被广泛应用于航天材料、生物技术医学、陶瓷、电子等各个领域。纳米结构和纳米材料在各个领域应用中所取得的成果说明纳米材料的应用前景不可限量。

1. 航空航天材料中的应用[50]

现代战争最重要的标志及手段之一是光电子战，包括电子干扰及隐身。无论是电子干扰还是隐身，纳米功能复合材料都起着十分重要的作用。由于纳米颗粒尺寸为 $1 \sim 100nm$，远小于雷达发射的电磁波波长，因此纳米微粒材料对这种波的透过率比常规材料强得多，大大减少了波的反射率，使得雷达接收到的反射信号变弱，从而起到隐身效果。其此，纳米颗粒的比表面积比常规微粒大许多倍，对电磁波和红外光波的吸收率也比常规材料大得多，当探测物发射的红外光和雷达照射到目标时，电磁波被纳米粒子吸收，使目标很难被红外探测器和雷达探测到，达到良好的隐身效果。由吸波材料制成的太空膜，可透过 80% 的可见光，吸收 80% 的红外线，起到保温节能的作用，可广泛用于各种重型、轻型车辆挡风玻璃、车窗、门窗等，并可制作保温服和防静电服，以及士兵夜间行动的防红外隐身服等。吸波材料在民用领域中也有重要的用途，如作为微波暗室材料、微波衰减器元件及用于微波形成加工技术中，也可用于屏蔽家用电器和通信设备释放的电磁辐射。

　2. 磁性材料

　　磁性金属和合金的电阻一般在一定磁场下会改变，这种现象被称为磁电阻。1988 年，法国的 Albert Ferrt[51] 和德国的 Peter Grunberg[52] 分别独立发现了磁性薄膜材料的电阻率在有外磁场作用时较之无外磁场作用时存在巨大变化的现象。他们将其称为巨磁阻效应，两人因此共同获得 2007 年的诺贝尔物理学奖。所谓巨磁阻[11] 就是在一定的磁场下电阻急剧减小，一般减小的幅度比通常磁性材料与合金的磁电阻高 10 余倍。此后发现了更多的巨磁阻材料，从此巨磁电阻效应被多方运用。首先，1994 年 IBM 的工程师 Stuart Parkin 根据巨磁电阻效应研制出信号变化灵敏度更高的磁头，将磁盘记录密度提高了 17 倍；其次，诺贝尔奖委员会指出巨磁电阻效应打开了一门新的科学——自旋电子学[53]；再次，利用巨磁电阻效应制成了多种传感器，已广泛用于数控机床、汽车测速、非接触开关、旋转编码器中；利用巨磁电阻效应在不同的磁化状态下具有不同的电阻的特点，可制成随机存储器，这样即使没电也可继续保留信息；最后，利用巨磁电阻效应可制作微弱磁场探测器。

　　纳米材料的磁性质的应用不仅体现在巨磁电阻效应的应用，而且还体现在新型的磁性液体和磁记录材料上。最早的磁性液体是美国的 Papell[54] 用油酸作表面活性剂，把它包裹在超细的四氧化三铁微颗粒上，并高度弥散于煤油中，形成一种稳定的胶体体系，在磁场作用下，磁性颗粒带动表面活性剂所包裹液体一起运动，好像整个液体都具有磁性，被称作磁性液体。磁性液体具有超顺磁性，这是因为它集固体的磁性和液体的流动性于一体，单畴的磁性粒子能自发磁化饱和，同时因粒子尺寸微小，再加上界面表面活性剂的影响，颗粒间的范德华力得以克服，在重力和颗粒间磁相互作用下，颗粒悬浮在液体中呈布朗运动，每个颗粒的磁矩取向完全随机，因此表现出超顺磁性。其次，磁性液体在外磁场中可产生双折射现象和二向色性。原因是磁性液体具有流动性，在外磁场作用下，其磁化强化随外加磁场的增大而增大，而且无磁滞现象，矫顽力和剩磁均为零。有外磁场时，磁性液体中的磁颗粒按磁场方向排列，产生双折射现象和二向色性，当磁性液体被磁化时具有更高的折射率等特性。磁性液体的这些特殊性质使得它在工业上主要用于机械部件的密封、轴承间的无摩擦润滑、超硬材料的精细研磨等方面。比如当它被用于动态密封时，人们用环状永磁体在旋转轴密封部位产生一环状的磁场分布，将磁性液体约束在磁场之中而形成磁性液体的环形，且没有磨损，达到长寿命的密封。也可用新型的润滑剂。当磁性液体加入摩擦区时，由于内含的纳米颗粒尺寸比表面粗糙度小得多，不会引起摩擦区的磨损，起到润滑作用，并降低了摩擦区的温度。除此之外，磁性液体还可增进扬声器的功率，也可作为阻尼器件及传感器，在生物和医学方面也有广泛的应用。磁性液体的新性质新应用还在不断开发中，应用前景不可估量。

3. 纳米陶瓷材料

"世间好物不坚牢，彩云易散琉璃碎。"传统技术制作的陶瓷很精美，但是脆性大，韧性和强度差，很容易碎，使陶瓷应用受限。为了攻克这个难题，很多人都在寻求解决之道[55]。首先人们改变了制作陶瓷的材料，采用了纳米陶瓷材料。所谓的纳米陶瓷材料是指在陶瓷材料的显微结构中，晶粒、晶界以及它们之间的结合都处在纳米尺寸水平。为了改变因子纳米粉体晶粒尺寸较小引起的在陶瓷材料的成型和烧结过程中易开裂等现象，采用了许多新的成型方法，如压力脉冲[56]、连续加压[57]，不但提高了素坯密度，还降低了烧结温度，缩短了烧结时间。通过改进制作陶瓷的材料和工艺，现在的纳米陶瓷表现出好的韧性和一定的延展性。我国已研制出的"摔不碎的酒杯"、氧化锆义齿等就是纳米陶瓷的应用。目前，各国都相继加大了对纳米陶瓷研究的力度，使纳米陶瓷具有特殊的使用性能，陶瓷粉体的制备和应用开发研究将会是纳米科技研究的一个长久课题。

4. 纳米材料在生物医学方面的应用

21 世纪是生物和医药研究突飞猛进的时代，纳米材料和生物医学的结合将给人类带来健康福音。纳米材料已经在医学领域得到广泛应用，比如在基础医学、药物医、临床医学和预防医学方面都已发挥了重要作用。在医药方面，纳米粒子被用作药物载体有很多优点。纳米粒子直径小于 1nm，这些粒子既包括固体物质，还包括脂质或乳胶，可与药物形成纳米生物材料。首先，纳米材料可提高药物吸收利用度。这是因为纳米粒径的药物表面积大，可促进药物的溶解，而且更易穿透组织间隙，分布广也就提高了生物利用度。其次，可控制释放系统，如纳米胶囊可以延长药物作用时间，并在保证药物作用的前提下减少给药剂量，减少药物的副作用。最后，纳米材料可提高药物的靶向性。Widder[58]等首先提出磁性靶向药物传递系统的概念，并开展了载药磁性微粒的研究，结果表明载药磁性微粒具有高效、低毒和高滞留性的优点。在临床医学方面，首先可以利用纳米材料跟踪生物体内活动，对生物体内元素的积累和排除做出判断，如利用纳米氧化铁可判断正常细胞与恶性肿瘤细胞之间的功能差别；其次可利用纳米颗粒的传感灵敏效应对疾病进行早期诊断；最后是利用纳米材料的特性去化验检测试样辅助治疗。

以上只是纳米技术及纳米材料应用的部分领域，正如 IBM 公司首席科学家说的那样："正像 20 世纪 70 年代微电子技术产生了信息革命一样，纳米科技将成为下一世纪信息时代的核心。"特别是纳米技术逐步走向市场后，更是得到世界各国的特别关注，他们纷纷制定相关战略或计划，投入巨资抢占纳米技术战略高地，美国、日本、德国等国家均把纳米技术列为国家科技战略开发重点[59]。20世纪 90 年代初，我国多单位启动了有关纳米材料的研究计划，投入数千万元资金支持纳米基础研究，在纳米结构的控制合成方面已经位居世界第四。[60]

第三节　硅纳米材料

在当今全球超过 2000 亿美元的半导体市场中，95% 以上的半导体器件和 99% 以上的集成电路都是用高纯优质的硅抛光片和外延片制作的。在未来 30 ~ 50 年内，硅纳米材料仍将是集成电路工业最基本和最重要的功能材料。它的性能优良，在射线探测器、整流器、集成电路、硅光电池、传感器等各类电子元件中占有极为重要的作用，同时又具有识别、存储、放大、开关和处理电信号及能量转换的功能，在国民经济中占有重要作用。随着微电子工业的迅猛发展，大规模集成电路的特征线宽已经缩小到纳米尺寸范围，如 Intel 公司 90nm 线宽技术已经产业化。当材料的直径与其德布罗意波长相当时，导带与价带会进一步分裂，量子限制效应与非线性光学效应等会表现得越来越明显，因此硅纳米材料可望成为下一代集成电路的基本组成单元。首先，硅纳米材料与现有的成熟的集成电路工艺相兼容，为硅纳米材料的工业应用提供了极大的方便；其次，目前各种硅半导体通过控制电子数目实现信息处理，而硅纳米材料由于其尺寸与其德布罗意波长相当时，波动性比较明显，此时硅纳米器件就不单纯通过控制电子数的变化，而主要是通过控制电子波的相位工作的，具有更高的响应速度和更低的电力消耗；最后，硅纳米材料的热传导系数比硅的块体材料的热传导系数低 2 倍以上，使得其在保温器件方面有着广阔的前景。基于以上原因，硅纳米材料成为科学家们关注的热点。

目前，对硅纳米材料的研究主要有 2 个方面：一方面是理论上研究各种硅纳米材料的结构和特性，另一方面主要是硅纳米材料的制备与表征。本书总结了作者及其研究小组近 10 多年来关于硅纳米材料的理论研究结果，可作为纳米材料爱好者的科普读物。但是笔者水平有限，欢迎各位老师、学生和科技工作者提出宝贵的意见和建议。

参考文献

［1］ N. G. Van Kampen，The expansion of the master equation，Advanced. chemic. physics，1976，34：245.

［2］ 阎守胜，甘子钊. 介观物理［M］. 北京：北京出版社，1995：3－5.

［3］ Aharonov Y, Bohm D. Significance of electromagnetic potentials in the quamtum theory［J］. Phys. Rev, 1959, 115：485－491.

［4］ Lee P A, Stone A D. Universal Conductance Fluctuations in Metals Phys Rev. Lett, 1985, 55：1622.

［5］ Altshuler B L. Stimulated－Raman Conversion of Multisoliton Pulses in Quartz Optical Fibers［J］. JETP Lett, 1985, 41：648.

［6］ de Gennes P G. Coupled Superconductors［J］. Rev Mod. Phys, 1964, 36：216.

［7］ Van Weers B J, Van Houten H, CW Beenakker, etal. Quantized conductance of point contacts in a two－dimensional electron gas［J］. Phys Res. Lett, 1988, 60：848.

［8］ Wharam D A, Thornton T J, Newbury R, et al. One－dimensional transport and the quantisation of the ballistic resistance［J］. J. Phys. C. 1988, 21：L209.

［9］ 马中水. 介观物理基础和近期发展的几个方面的简单介绍［J］. 物理, 2007, 36（2）：99.

［10］ 中国科学院. 白春礼院士纵论纳米科技［EB/OL］（2004－07－16）［2022－04－3］. http：//www. cas. cn /xw/ldhd / 200906/t20090608_ 613462. shtml.

［11］ 张立德，牟季美. 纳米材料与纳米结构［M］. 北京：科学出版社，2001：5.

［12］ Binnig G. , Rohrer H. , Gerber Ch. , et al. Surface studies by scanning tunneling microscopy［J］. Phys. Rev. Lett, 1982, 49：57－61.

［13］ Eigler D. M. , Schweizer E. K. Positioning single atoms with a scanning tunneling microscope［J］. Nature, 1990, 344：525－526.

［14］ 李斌，沈路涛. 世界纳米科技大事记［J］. 走向世界, 2001（01）：23.

［15］ Chang C Z, zhang J S, Liu M H, et al. Thin films of Magnetically doped topological insulator with carrier – independent long range ferromagnetic order ［J］. Adv Materials, 2013, 25: 1065.

［16］ Zhang R, Zhang Y, Dong Z C, et al. Chemical mapping of a single molecule by plasmon – enhanced Raman scattering ［J］. Nature, 2013, 498 (7452): 82 – 86.

［17］ Philippe P, Wang Z L, Daniel Ugarte, et al. Electrostatic Deflections and Electromechanical Resonance of Carbon Nanotubes ［J］. Science, 1999, 283 (5407): 1513 – 1516.

［18］ VALIEV R. Materials science – nanomaterial advantage ［J］. Nature, 2002, 419 (6910): 887 – 889.

［19］ "ISO/TS 80004 – 1: 2015 – Nanotechnologies—Vocabulary—Part 1: Core term". International Organization for Standardization, 2015, Retrieved 2018 – 01 – 18.

［20］ 姜宜凡. 欧盟委员会关于纳米材料定义的建议 ［J］. 口腔护理用品工业, 2012, 12: 53 – 54.

［21］ Buzea Cristina, Blandino Ivan. I. Pacheco, Kevin Robbie. Nanomaterials and nanoparticles: sources and toxicity, Biointerphases ［J］. 2007, 2 (4): MR17 – 172.

［22］ Kirschvink J L, Gction ould J L. Biogenic magnetite as a basis fot magnetic field detection in animals ［J］. Biosystems, 1981, 13 (3): 181 – 201.

［23］ Ashoori R C. Electrons in artificial atoms ［J］. Nature, 1996, 379: 413 – 419.

［24］ Kohl M, Heitmann D, Grambow P, et al. Phys Rev Lett. 1989, 63 (19): 2124.

［25］ Gu Shi – wei, Li You – cheng, Zheng Ling – feng. Intermediate – coupling polaron in a polar – crystal slab. Phys Rev B. 1989, 39 (2): 1346.

［26］ Siegel R. W. , Fujita F E, Kanamori J, etal. Physics of New Materials (Spring – Verla, Heidelberg. 1992) .

［27］ Zhu X, Birringer , Herr U, et al. X – ray diffraction studies of the structure of nanometer – sized crystalline materials ［J］, Phys. Rev. B. 1987, 35 (17): 9085.

［28］ Kubo R. . Electronic Properties of Metallic Fine Particles. I ［J］. , Journal of the physical Society of Japan. 1962, 17 (6): 975 – 986.

［29］ Esaki L. , Tsu R. Superlattice and negative differential conductivity in semiconductors ［J］. IBM Journal of Research and Development, 1970, 14 (1): 61 – 65.

［30］ Gleiter H. Nanocrystalline materials ［J］. Progress in Mater Sci, 1989, 33: 223 – 315.

［31］ Kroto H. W. , Heath J. R. , O' Brien S. C. , et al, C_{60}: Buckminsterfullerence ［J］, Nature. 1985, 318: 162 – 163.

［32］ Iijima S. Helical microtubules of graphitic carbon ［J］. Nature, 1991, 354: 56.

［33］ Ali D. , Ahmed H. . Coulomb blockade in a silicon tunnel junction device ［J］. Appl. Phys. Lett, 1994, 64 (18) : 2119 – 2120.

［34］ Kubo R. . Electronic Properties of Metallic Fine Particles I. ［J］. J. Phys. Sco. Jpn, 1962, 17 (6) : 975 – 986.

［35］ Rossetti R. , Ellison J. L. , Gibson J. M, et al. Size effects in the excited electronic of small colloidal Cds crystallites ［J］. J. Chem. Phys, 1984, 80 (9) : 4464 – 4469.

［36］ Brus L. E. . Electron – electron and electron – hole interactions in small semiconductor crystallites: the size dependence of the lowest excited electronic state ［J］. J. Chem. Phys, 1984, 80 (9) : 4403 – 4409.

［37］ Kevan L. Stoto T, Gratzel M. . Quantum size effects in nanocrystalline semiconducting titania layers prepared by anodic oxidative hydrolysis of titanium trichloride ［J］. J. Phys. Chem, 1993, 97 (37) : 9493.

［38］ 孟国文，陈大明，康沫狂，等. ZrO_2 (Y_2O_3) 纳米粉末相结构及粒子尺寸与 Y_2O_3 含量的关系 ［J］. 硅酸盐学报, 1995, 23 (3) : 342.

［39］ Uehara M, Barbara B, Dieny P. C. et al. Staircase behaviour in the magnetization reversal of a chemically disordered magnet at low temperature ［J］. Phys. Lett, 1986, 114A : 23.

［40］ Reed M. A. , Frensley W. R. Matyi R. J. . Realization of a three – terminal resonant tunneling device: The bipolar quantum resonant tunneling transistor ［J］. Appl. Phys. Lett, 1989, 54 : 1034.

［41］ Halperin W P. Quantum size effects in metal particles ［J］. Rev. Modern Phys, 1986, 58 (3) : 532.

［42］ Ball P, Garwin L. Science at the atomicscale ［J］. Nature, 1992, 355 : 761.

［43］ 张立德，牟季美. 纳米结构自组装和分子自组装体系 ［J］. 物理, 1999, 28 (1) : 22 – 26.

［44］ Mai W, Zuo Y, Zhang X, et al. A versatile bottom – up interface self – assembly strategy to hairy nanoparticle – based 2D monolayered composite and functional nanosheets ［J］. Chem Comm, 2019, 55 : 10241 – 10244.

［45］ Kim S, Spanier J. E. Herman I. P. Optical transmission, photoluminescence, and raman scattering of porous SiC prepared from P – Type 6H – SiC ［J］. Jpn. J. Appl. Phys, 2000, 39 : 5875 – 5878.

［46］ Berkowitz A. E. , Mitchell J. R. Carey M. J. Young A. P. et al. Giant magnetoresistance in heterogeneous Cu – Co alloys ［J］. Phys. Rev Lett, 1992, 68: 3745.

［47］ Xiao J G., Jiang J, S, Chien C. L.. Giant magnetoresistance in nonmultilayer magnetic systems ［J］. Phys. Rev Lett, 1992, 68: 3749.

［48］ Koch C. C., Nano – struct Mater.. The Synthesis and Structure of Nanocrystalline Materials Produced by Mechanical Attrition: A Review ［J］. Nano Structured Materials, 1993, 2: 109 – 129.

［49］ 曹茂盛. 超微粉体制备科学与技术 ［M］. 哈尔滨: 哈尔滨工业大学出版社, 1995, 30.

［50］ 任剑, 朱兴动, 刘永新. 纳米功能复合材料在航空隐身技术中的应用, 第二届中国航空学会青年科技论坛文集, 2006: 533 – 539.

［51］ M. N. Baibich, J. M. Broto, A. Fert, et al. Giant Magnetoresistance of（001）Fe/（001）Cr Magnetic Superlattices ［J］. Phys. Rev. Lett, 1988, 61: 2472.

［52］ G. Binasch, P. Grunberg, F. Saurenbach et al. Enhanced magnetoresistance in layered magnetic structures with antiferromagnetic interlayer exchange ［J］. Phys Rev B, 1989, 39: 4828.

［53］ The Discovery of Giant magnetoresistance – Scientific Background on the Nobel Prize in Physics 2007 ［R］, Oct 9, Copiled by the class for physics of the Royal Swedish Academy of Science.

［54］ S. S. Papell. Magnetic Fluid ［P］. U. S. Patent, 3215572 A, 1965.

［55］ 田明原, 施尔畏, 仲维卓, 等. 纳米陶瓷与纳米陶瓷粉末 ［J］. 无机材料学报. 1998, 13（2）: 129 – 130.

［56］ Ivanov I, Kotov Y, Samatov O H. Synthesis and dynamic compaction of ceramic nano powders by techniques based on electric pulsed power ［J］. Nanostructed Materials, 1995, 6（1 – 4）: 287 – 290.

［57］ Lequitte M, Autissier D. Abstracts of Second International Conference on Nanostructured Materials. stuttgart ［J］. Germany.

［58］ Widder K J, Magnetic, microsphere: a vehichle for selective targeting of drugs ［J］. Pharmacol Therr, 1983, 20（3）: 337.

［59］ 世界关注纳米技术 ［J］. 宁波经济（财经视点）, 2002（05）: 46 – 47.

［60］ 翟华峰, 李建保, 黄勇. 纳米材料的进展、应用及产业化现状 ［J］. 材料工程, 2001（11）: 43 – 48.

第二章 理论基础和计算方法

第一节 密度泛函理论

一、密度泛函理论的发展

密度泛函理论发展历史比较长。1927 年，Thomas 和 Fermi 独立地提出了把动能作为电子密度泛函的表示式，但它对原子的计算一直未能得到应有的壳层结构，因而只被认为是一个统计模型。虽然经过了多次改进，但对原子分子体系仍然不成立。到了 1964 年，Hohenberg 和 Kohn 发表了严格的密度泛函理论，对于基态，Thomas – Fermi 模型是此理论的一个近似。第二年，Kohn 和沈吕九得到了电子密度泛函理论的单电子议程，即著名的 Kohn – Sham 方程，使得密度泛函理论得以实际应用。1964 年后，Kohn – Sham，Parr，Perdew，Yang，Becke 等学者继续研究，发展和建立了局域自旋密度近似（LSD）、广义梯度近似（GGA）等近似方法，在化学和固体物质的电子结构计算中得到广泛的应用并得到了很好的结果，密度泛函理论作为研究多电子体系的理论日臻完善。

密度泛函理论不同于以往以电子波函数为变量，而是以电子密度作为基本变量，使得求解 N 个粒子系统的 $3N$ 自由度问题 $\psi(x_1, \cdots, x_N)$ 转化为 3 个自由度的密度问题，使问题大大简化，为量子化学的发展开辟了一条新路径，被称为量子化学的第二次革命。1998 年，Kohn 因密度泛函理论的开创性工作获得了诺贝尔化学奖，也说明了密度泛函理论在量子化学计算领域中的重要地位。密度泛函是一种完全基于量子力学的从头算（ab - initio），但是为了与其他的量子化学从头算方法区分，通常把基于密度泛函理论的计算叫作第一性原理（first - principles）计算。

二、多粒子体系的 Schrödinger 方程[1]

对于多粒子体系，其 Schrödinger 方程为：

$$\hat{H}\Psi = E\Psi \tag{2-1}$$

$\hat{H}$ 为 Hamilton 算符 $\hat{T}_N$，由核的动能算符、电子动能算符 $\hat{T}_e$ 和势能算符 $\hat{V}$ $(\vec{r}, \vec{R})$ 组成，即

$$\hat{H} = \hat{T}_N + \hat{T}_e + \hat{V}(\vec{r}, \vec{R}) \tag{2-2}$$

Ψ 为体系的总状态波函数。采用原子单位：$e^2 = 1$，$\hbar = 1$，$2m = 1$，Schrödinger 方程表示为：

$$\left[-\sum_{\alpha}\frac{1}{2M_{\alpha}}\nabla_{\alpha}^2 - \frac{1}{2}\sum_{i}\nabla_{i}^2 + \sum_{\alpha < \beta}\frac{Z_{\alpha}Z_{\beta}}{R_{\alpha\beta}} - \sum_{\alpha,i}\frac{Z_{\alpha}}{r_{\alpha i}} + \sum_{i < j}\frac{1}{r_{ij}} \right]\Psi = E\Psi \tag{2-3}$$

Schrödinger 方程准确地反映了微观粒子的运动规律，它的正确性已被方程得出的结论与实验相符而证实。但是，对一般的分子体系，其 Schrödinger 方程太复杂，无法精确求解，需要采用一系列近似。

1. Born - Oppenheimer 近似[1]

组成分子体系的原子核的质量 M_j 比电子的质量大 3 个数量级以上，因此原子核的速度比电子小得多。可以假定，在任何瞬间，原子核处于某种相对位置时，分子的电子状态与原子核长期固定在该位置时的电子状态一样，亦即和的运动与核的运动是相对独立的。因此，我们可以把分子整体的平动、转动和振动与电子的运动分开处理，而把电子运动与原子核运动之间的相互影响作为微扰。这就是由玻恩（M. Born）和奥本海默（J. E. Oppenheimer）提出的 Born - Oppenheimer 近似，又称绝热近似。

在 Born – Oppenheimer 近似下，波函数可表达为

$$\Psi(\vec{r},\vec{R}) = \mu(\vec{r},\vec{R})\nu(\vec{R}) \qquad (2-4)$$

函数 $\nu(\vec{R})$ 仅与核的坐标有关。

将（2-4）式代入（2-1）式，可得 Schrödinger 方程为

$$-\sum\frac{1}{2M}\mu\nabla^2\nu - \sum\frac{1}{2}\nu\nabla^2\mu V(\vec{R},\vec{r})\mu\nu = E\mu\nu \qquad (2-5)$$

分离变量，可得以下两方程

电子运动方程

$$-\frac{1}{2}\sum\nabla^2\mu + V(\vec{R},\vec{r})\mu = E(\vec{R})\mu \qquad (2-6)$$

核的运动方程

$$-\frac{1}{2}\sum\frac{1}{m}\nabla^2\nu + E(\vec{R})\nu = E\nu \qquad (2-7)$$

$E(\vec{R})$ 代表核固定时电子的能量，但在（2-7）式中却为核运动的势能，是一个常数。

2. 轨道近似[1]

多粒子体系的精确波函数实际上无法求出，必须使用近似波函数。通常的方法是采用轨道近似，又称"单电子近似"。即将多粒子波函数 Ψ 近似地表示为多个单电子波函数 ψ 的连乘积。即

$$\Psi = \prod_i^n \Psi_i \qquad (2-8)$$

（Ψ_i 为只与第 i 个粒子有关的函数），将上式带入（2-1）式，即可将体系的 Schrödinger 方程分解为一组相互独立的单个粒子的 Schrödinger 方程

$$\hat{H}_i\Psi_i = \varepsilon_i\Psi_i$$

$$E = \sum\varepsilon_i \qquad (i = 1, 2, \cdots, n) \qquad (2-9)$$

由于费米子的要求反对称以及归一化，可表示为行列式形式，即著名的 Slater 行列式，即下式：

$$\Psi(1,2,\cdots,N) \approx \Psi = \frac{1}{\sqrt{N!}}\sum_{\hat{P}=1}^{N!}(-1)^{\hat{P}}\hat{P}[\prod_t^N\Psi_t(x_t)] \qquad (2-10)$$

3. Hartree – Fock 方法[2]

式（2 – 10）的波函数求解方程（2 – 6），且取势能项的形式。由于微分方程不能分离变量，一种常规的方法是采用变分原理近似求解。

变分原理[1]：如果一个分子中电子的近似波函数为 Ψ，则分子能量 E 的期望值 < E >≥E_0，其中 E_0 为分子基态的准确能量。

设 Ψ 为一泛函，其中包含一些待定参数，则可用 < E > 取极值的条件优化并确定这些待定参数。

为了解决计算上的困难，Roothaan[3] 提出把分子轨道按照某个选定的完全基函数（简称基组）展开。适当选取基组，可以用有限项展开式按照一定的精确度要求逼近精确的分子轨道，此即分子轨道 – 原子轨道线性组合（LCAO – MO），称为代数近似，即：

$$\Psi_i = \sum_\mu X_\mu C_{\mu i} \qquad (2 - 11)$$

在全同粒子的近似下，将（2 – 11）式取极值，即可得到 Hartree – Fock – Roothaan 方程（简称 H – F 方程），以闭壳层分子为例

$$\hat{F}C = \varepsilon SC \qquad (2 - 12)$$

式（2 – 12）中，$\hat{F}$ 为 Fock 算符或者 Fock 矩阵，C 为待定参数（亦即（2 – 11）式中的 $C_{\mu i}$）矩阵，ε 为 Lagrangian 乘子（Fock 矩阵对角化后，ε 是各正则分子轨道的能级矩阵），S 为原子轨道重迭积分矩阵：

$S_{\mu\nu} = < X_\mu|\mu\nu >$。Fock 矩阵的矩阵元 $F_{\mu\nu}$ 为：

$$F_{\mu\nu} = \langle \mu|h|\nu \rangle + \sum_\rho^n \sum_\sigma^n P_{\rho\omega} \left[\langle \mu\nu|g_{12}|\rho\sigma \rangle - \frac{1}{2} \langle \mu\sigma|g_{12}|\rho\nu \rangle \right] \qquad (2 - 13)$$

其中，h 为单电子算符，代表一个电子在原子核外电场中的能量（Hamilton 量）；g_{12} 为双电子算符，代表 2 个电子间的库仑排斥作用；$P_{\rho\sigma} = 2 \sum_{i=1}^{occupied} C_{\rho i} C_{\sigma i}$ 为密度矩阵；$\langle \mu|h|\nu \rangle$ 为单电子积分；$\langle \mu\nu|g_{12}|\rho\sigma \rangle$ 为双电子库仑积分，$\langle \mu\sigma|g_{12}|\rho\nu \rangle$ 为双电子交换积分。

由于式（2 – 13）的 Fock 矩阵元中包含了密度矩阵 $P_{\rho\sigma}$，而密度矩阵又包含了待定参数 $C_{\rho i}$、$C_{\sigma i}$，因此方程（2 – 12）只能通过迭代的方法求解。即在一定基组下，首先人为给定一套试探波函数 φ_i（即 φ_i 中的系数 $C_{\mu i}$），形成 Fock 矩

阵，求解方程（2–11），得到部分优化 $C_{\mu i}(1)$；由 $C_{\mu i}(1)$ 再形成新的 Fock 矩阵，求解（2–11），得到进一步优化的 $C_{\mu i}(2)$，……，直至最后 2 次的 $C_{\mu i}(k)$ 与 $(k-1)$ 接近至一定程度，或能量差到达预期值为止，即认为达到分子轨道自洽或收敛。这一过程称为求解 H–F 自洽场 SCF（Self–Consistent–Field）方程，所得的波函数 y 称为 H–F 自洽场波函数，又简称 H F 波 函 数、SCF 波函数等。文献中也常称其为"单电子波函数"。

三、Thomas – Fermi（T – F）模型[1]

1927 年 Thomas[4] 和 Fermi[5] 提出：体系的动能可以通过体系的电子密度表达出来。他们考察理想的均匀电子模型，把空间分割成足够小的立方体，在这些立方体中求解无限势阱中粒子的 Schrödinger 方程（假设电子之间无相互作用），得到相应的能量和密度的表达式。把它们联系起来，简化后得到动能与粒子密度的关系式（原子单位）如下：

$$T_{TF}[\rho] = C_F \int \rho^{\frac{3}{5}}(\vec{r})d\vec{r}, C_F = \frac{3}{10}(3\pi^2)^{\frac{2}{3}} \qquad (2-14)$$

对于原子的情况，加上核吸引势和电子间的库仑势的作用，可得到总能量与电子密度的关系式为：

$$E_{TF}[\rho(r)] = C_F \int \rho^{\frac{5}{3}}(\vec{r})d\vec{r} - Z \int \frac{\rho(\vec{r})}{\vec{r}}d\vec{r} + \frac{1}{2} \iint \frac{\rho(\vec{r}_1)\rho(\vec{r}_2)}{|\vec{r}_1 - \vec{r}_2|}d\vec{r}_1 d\vec{r}_2$$

$$(2-15)$$

其中 Z 是核电荷数。

四、Hohenberg – Kohn（霍恩伯格 – 科恩）定理[6,7]

任何的计算材料的量子力学问题，都需要处理大量数目的电子，不可能由薛定谔方程严格求解其体系的电子结构。建立于 Hohenberg – Kohn 定理上的密度泛函理论不但给出了将多电子问题简化为单电子问题的理论基础，同时也成为分子和固体的电子结构和总能量计算的有力工具。因此密度泛函理论是多粒子系统理论基态研究的重要方法。

密度泛函理论的基本思想是原子、分子和固体的基态物理性质可以用粒子密度函数来描述。密度泛函理论是建立在 P. Hohenberg 和 W. Kohn 的关于非均匀电子气理论基础上的，可归结为 2 个基本的定理：

Hohenberg – Kohn 第一定理：不计自旋的全同费密子系统的基态能量是粒子数密度函数 $\rho(\vec{r})$ 的唯一泛函。

Hohenberg – Kohn 第二定理：能量泛函 $E[\rho]$ 在粒子数不变条件下对正确的粒子数密度函数 $\rho(\vec{r})$ 取极小值，并等于基态能量。

Hohenberg – Kohn 定理说明了粒子数密度函数是确定多粒子数系统基态物理性质的基本变量和能量泛函对粒子数密度函数的变分是确定系统基态的途径，但仍存在下面 3 个问题[8]悬而未决：

①如何确定粒子数密度函数 $\rho(\vec{r})$；

②如何确定动能泛函 $T[\rho]$；

③如何确定交换关联能泛函 $E_{xc}[\rho]$。

上面悬而未决的问题，由 W. Kohn 和 L. J. Sham 提出的方法解决，并由此得到了 Kohn – Sham（沈吕九）方程。

五、Kohn – Sham 方程

1965 年，W. Kohn 和 L. J. Sham 提出了用无相互作用参考体系的动能估计实际体系动能的主要部分，把动能的误差部分和相互作用能与库仑作用能之差归并为一项，再寻求其近似形式，这就是所谓的 Kohn – Sham 方法。[7]

无相互作用参考体系的哈密顿量是：

$$\hat{H}_s \sum_i^N \left(-\frac{1}{2}\nabla_i^2 \right) + \sum_i^N V_s(\vec{r}) \qquad (2-16)$$

W. Kohn 和 L. J. Sham 假设 Hs 的基态粒子密度 ρ 与一个有相互作用的实际体系的基态粒子密度相同，于是可定义普适的泛函形式：

$$F[\rho] = T_s[\rho] + J[\rho] + E_{xc}[\rho] \qquad (2-17)$$

其中，$T_s[\rho]$ 是无相互作用参考体系的动能泛函。设体系的密度 ρ 和 T_s

$[\rho]$ 可表示为：

$$\rho(\vec{r}) = \sum_i^N \varphi_i(\vec{r}) \varphi_i^*(\vec{r}) \qquad (2-18)$$

$$T_s[\rho] = \sum_i^N \langle \varphi_i | \frac{1}{2} \nabla_i^2 | \varphi_i \rangle \qquad (2-19)$$

其中 φ_i 是单粒子自旋轨道，$J[\rho]$ 是经典的库仑作用泛函，表达式见（2-15）。所以（2-17）式中被称为交换相关能泛函的 $E_{xc}[\rho]$ 的表达式是：

$$Exc[\rho] = T[\rho] - T_s[\rho] + V_{ee}[\rho] - J[\rho] \qquad (2-20)$$

$$J_{ee}[\rho] = \frac{1}{2} \iint \rho(r_1) \frac{1}{r_{12}} \rho(r_2) dr_1 dr_2$$

它由 2 部分构成，一部分是真实体系动能与无相互作用参考体系的动能之差，另一部分是真实体系电子间相互作用与经典库仑作用之差。

总能量的表达式是：

$$E[\rho] = \int \rho(\vec{r}) V(\vec{r}) d\vec{r} + T_s[\rho] + J[\rho] + V_{xc}[\rho] \qquad (2-21)$$

代入 T_s 和 ρ 的表达式，将总能量对单粒子轨道变分，可得到 Kohn-Sham 方程：

$$(\hat{T}_s + \hat{V}_{eff}) | \langle \varphi_i = \varepsilon_i | \varphi_i \rangle \qquad (2-22)$$

其中

$$\hat{V}_{eff}(\vec{r}) = V_{ne}(\vec{r}) + \int \frac{\rho(\vec{r}') d\vec{r}'}{|\vec{r} - \vec{r}'|} + \frac{\delta E_{xc}}{\delta \rho(\vec{r})} \qquad (2-23)$$

上式右边第一项中 $V_{ne}(\vec{r})$ 为核吸引势，第二项为电子间的 Coulomb 势，第三项是交换相关势。

Kohn W 和 Sham L. J 提出的 kohn-sham 方程，用无相互作用的粒子模型代替有互作用粒子哈密顿量中的相应项，将有相互作用粒子的全部复杂性归入交换关联作用泛函，将多粒子系统的基态求解转化为单粒子系统的等效求解，解决了前面提到的悬而未解的 3 个问题中的第一和第二个问题。第三个问题需要采用局域密度近似来解决。

六、精确的密度泛函理论[9,10]

根据 Hohenberg – Kohn 定理和 Kohn – Sham[11] 方法，电子处于与自旋有关的外势 $V_\sigma(\vec{r})$ 中时，体系基态能量是：

$$E_v[\rho\uparrow,\rho\downarrow] = T_s[\rho\uparrow,\rho\downarrow] + \sum_\sigma \int [d\vec{r}\rho_\sigma(\vec{r})V_\sigma(\vec{r}) + [\rho]\int J + E_{xc}[\rho\uparrow,\rho\downarrow]] \tag{2-24}$$

这里 $\rho\uparrow$ 和 $\rho\downarrow$ 是自旋向上和自旋向下电子的基态密度，$\rho = \rho\uparrow + \rho\downarrow$ 是总电子密度。静电排斥能是：

$$J[\rho] = \frac{1}{2}\int d\vec{r}d\vec{r}'\rho(\vec{r})\rho(\vec{r}') / |\vec{r}' - \vec{r}| \tag{2-25}$$

$E_{xc} = E_x + E_c$ 是交换 – 相关能。非相互作用体系动能 T_s 和电子密度由 Kohn – Sham 轨道构造：

$$T_s[\rho\uparrow,\rho\downarrow] = \sum_{\alpha\sigma} f_{\alpha\sigma}\langle\psi_{\alpha\sigma}| - \frac{1}{2}\nabla^2|\psi_{\alpha\sigma}\rangle \tag{2-26}$$

$$\rho_\sigma(\vec{r}) = \sum_{\alpha\sigma} f_{\alpha\sigma}|\psi_{\alpha\sigma}(\vec{r})|^2 \tag{2-27}$$

这些轨道是自洽的单电子薛定谔方程的解

$$\left[-\frac{1}{2}\nabla^2 + V_\sigma(\vec{r}) + u([\rho];\vec{r}) + V_{xc}^\sigma([\rho\uparrow,\rho\downarrow];\vec{r}) \right]$$

$$\psi_{\alpha\sigma}(\vec{r}) = \varepsilon_{\alpha\sigma}\psi_{\alpha\sigma}(\vec{r}) \tag{2-28}$$

这里

$$u([\rho];\vec{r}) = \frac{\delta J[\rho]}{\delta\rho(\vec{r})} = \int \frac{\rho(\vec{r}')}{|\vec{r} - \vec{r}'|}d\vec{r}' \tag{2-29}$$

$$V_{xc}^\sigma([\rho\uparrow,\rho\downarrow];\vec{r}) = \frac{\delta E_{xc}}{\delta\rho_\sigma(\vec{r})} \tag{2-30}$$

如果实际体系的基态自旋密度就是方程（2-27）表示的处于外势中的非相互作用体系的基态自旋密度，则占据数为：

$$f_{\alpha\sigma} = \theta(\mu - \varepsilon_{\alpha\sigma}) = \begin{cases} 1 & (\varepsilon_{\alpha\sigma} < \mu) \\ 0 & \varepsilon_{\alpha\sigma} > \mu \end{cases} \tag{2-31}$$

交换能和相关能为：

$$E_x = \frac{1}{2} \int d\vec{r} \rho(\vec{r}) \int d\vec{r}' \rho_x(\vec{r}, \vec{r}') / |\vec{r}' - \vec{r}| \qquad (2-32)$$

$$E_c = \frac{1}{2} \int d\vec{r} \rho(\vec{r}) \int \frac{\rho_c(\vec{r}, \vec{r}')}{|\vec{r}' - \vec{r}|} d\vec{r}' \qquad (2-33)$$

$\rho_x(\vec{r}, \vec{r}')$ 是位于 $\vec{r}$ 的电子附近 r' 处交换的密度

$$\rho_x(\vec{r}, \vec{r}') \leqslant 0 \qquad (2-34)$$

$$\int dr' \rho_x(\vec{r}, \vec{r}') = -1 \qquad (2-35)$$

ρ_c 是相关穴密度

$$\int dr' \rho_c(\vec{r}, \vec{r}') = 0 \qquad (2-36)$$

相关穴是一系列电子之间相互作用为 $\lambda/|\vec{r}' - \vec{r}|$ 的体系对 λ 求平均的结果[12]，λ 处于 0 ~ 1 之间。自旋密度 $\rho \uparrow (\vec{r})$ 和 $\rho \downarrow (\vec{r})$ 与 λ 无关。$\rho_x(\vec{r}, \vec{r}')$ 的短程值或 $|\vec{r}' - \vec{r}| \to 0$ 的值[13]及歧点相同。并且，ρ_c 的短程值及歧点仅来自自旋反平行电子间的相关。对于均匀电子气，金属表面[14]甚至在更一般的情况下，ρ_x 的大部分长程分量都与来自自旋平行电子的 ρ_c 相抵消。这种相消可能就是以同样方式近似处理交换 – 相关能较为成功的原因。[15]自旋极化体系的交换能 $E_x[\rho \uparrow, \rho \downarrow]$ 可以由自旋非极化体系($E_x[\rho]$)通过下式得到

$$E_x[\rho \uparrow, \rho \downarrow] = \frac{1}{2} E_x[2\rho \uparrow] + \frac{1}{2} E_x[2\rho \downarrow] \qquad (2-37)$$

这里 $\rho \uparrow = \rho \downarrow = \rho/2$。交换 – 相关能是大小一致的并且有界[16]

$$0 \geqslant E_x \geqslant E_{xc} \geqslant -1.68 \int dr \rho^{\frac{4}{3}}(\vec{r}) \qquad (2-38)$$

在对电子密度均匀标度化时，即

$$\rho(\vec{r}) \to \rho_\lambda(\vec{r}) = \lambda^3 \rho(\lambda \vec{r}) \qquad (2-39)$$

交换能的变化为

$$E_x[\rho_\lambda \uparrow, \rho_\lambda \downarrow] = \lambda E_x[\rho \uparrow, \rho \downarrow] \qquad (2-40)$$

而任何有限体系的相关能有一个有限的高密度极限[17]

$$\lim_{r \to \infty} E_c[n_\lambda \uparrow, n_\lambda \downarrow] \qquad (2-41)$$

精确的 E_{XC} 是没有自相互作用的[18]，亦即对于任何单个电子的密度 $\rho_1(r)$，

$$E_X[\rho_1,0] = -J[\rho_1] \qquad (2-42)$$

$$E_C[\rho_1,0] = 0 \qquad (2-43)$$

结果，环绕原子的自旋为 σ 的电子渐近交换 – 相关势为

$$\lim_{r\to\infty} V_{XC}^{\sigma}([\rho\uparrow,\rho\downarrow];r) = \lim_{r\to\infty} V_X^{\sigma}([\rho\uparrow,\rho\downarrow];r) = -1/r \qquad (2-44)$$

这里 r 是离核的距离。

将能量的任何成分 E 写为 $E = \int d\vec{r}\varepsilon(\vec{r})$，则能量密度 $\varepsilon(\vec{r})$ 就可用 $\vec{r}$ 处的电子密度近似地表示（局域近似），或者以 $\vec{r}$ 的无限小邻近区域的电子密度近似表示（半局域近似），或者用任意处的电子密度近似表示（完全非局域近似）。

七、局域自旋密度近似

广泛使用的局域自旋密度（Local Spin Density LSD）近似[19]是：

$$E_{XC}^{LSD}[\rho\uparrow,\rho\downarrow] = \int d\vec{r}\rho(\vec{r})\varepsilon_{XC}(\rho\uparrow(\vec{r}),\rho\downarrow(\vec{r})) \qquad (2-45)$$

这里 $E_{XC}(\rho\uparrow,\rho\downarrow)$ 是具有相同自旋密度 $\rho\uparrow$，$\rho\downarrow$ 的电子气体中每个粒子的交换 – 相关能。方程（2-30）中相应的势也是 $\rho\uparrow(\vec{r}),\rho\downarrow(\vec{r})$ 的函数。当空间中自旋密度变化缓慢时，LSD 近似是有效的，因此即使某些其他选择对一些原子和分子更为成功，（2-45）式中还是使用精确的均匀电子气的 $\varepsilon_{XC}(\rho\uparrow,\rho\downarrow)$[20]为好：

$$\varepsilon_{XC}(\rho\uparrow,\rho\downarrow) = \varepsilon_X(\rho\uparrow,\rho\downarrow) + \varepsilon_C(\rho\uparrow,\rho\downarrow) \qquad (2-46)$$

$$\varepsilon_X(\rho\uparrow,\rho\downarrow) = -\frac{3}{8\pi}[(1+\zeta)^{\frac{4}{3}} + (1-\zeta)^{\frac{4}{3}}](3\pi^2\rho)^{\frac{1}{3}} \qquad (2-47)$$

这里 $\zeta = (\rho\uparrow-\rho\downarrow)/\rho$。$\varepsilon_C(\rho\uparrow,\rho\downarrow)$ 有精确的数值解，并已高精确度地拟合为以 ζ 和 ρ 表达的解析式。该式相当复杂，这里就不列出了。

在实际电子体系中，在局域费米波长和屏蔽长度的尺度上，自旋密度绝不是缓慢变化的。因此，LSD 计算的成功必定是由于 LSD 近似具有精确的交换 – 相关能的主要特征。例如 LSD 近似满足式（2-34）至式（2-36），因为 LSD 近似的交换 – 相关穴是一种可能的电子体系—均匀自旋密度气体的交换 – 相关穴。

对于原子、分子和固体的许多基态性质，包括键长、键角、电子自旋密度及 Born – Oppenheimer 近似下的振动频率，LSD 计算经常给出满意的结果。不足之

处是总交换能低估了 10% 左右，相关能高估了 100% 左右。分子的离解能和固体中内聚能也常常被高估达每原子约几个电子伏特，等等。

八、广义梯度近似（Gradient Expansion Approximation，GEA）

对于一个空间中变化缓慢的电子密度，对 LSD 做的第一个系统的校正包括在二级梯度展开近似（Gradient Expansion Approximation，GEA）中：

$$E_{XC}^{GEA}[\rho\uparrow,\rho\downarrow] = E_{XC}^{LSD}[\rho\uparrow,\rho\downarrow] + \sum_{\sigma\sigma'}\int d\vec{r}\, C_{XC}^{\sigma\sigma'} \times [\rho\uparrow(\vec{r}),\rho\downarrow[\rho_\sigma(r)\rho_{\sigma'}(\vec{r})]^{-2/3}$$

$$\nabla\rho_\sigma(\vec{r})\cdot\nabla\rho_\sigma(\vec{r}) \tag{2-48}$$

对于屏蔽的库仑相互作用 $\dfrac{e^{-\alpha|\vec{r}-\vec{r}'|}}{|\vec{r}-\vec{r}'|}$，在 $\alpha\to 0$ 极限下，交换和相关[21]的梯度系数 $C_{XC}^{\sigma\sigma'}(\rho\uparrow,\rho\downarrow)$ 都已经知道（$C_X < 0$，$C_C > 0$）。

尽管有系统性及看似合理的特点，梯度展开近似一般精度要低于局域自旋密度近似。虽然交换能由于梯度项而得以改善，但相关能变得更差甚至为正。离解能和内聚能与局域自旋密度近似相比变得更大。GEA 的问题是，交换相关穴密度 $\rho_{XC}(\vec{r},\vec{r}')$ 按 $\vec{r}$ 的密度的梯度展开到二级，对于任何可能的体系都不是精确的，结果 GEA 违反了重要的求和规则式（2-34）至式（2-36）。Langreth 及其合作者[21]首先注意到在 GEA 中式（2-36）不成立。为了满足这个方程，他们建议略去 $\rho_C(\vec{r},\vec{r}')$ 的 Fourier 变换中不真实的小波矢分量，得到了广义梯度近似（Generalized Gradient Approximation，GGA）

$$E_{XC}^{GGA}(\rho\uparrow,\rho\downarrow) = \int d\vec{r} f_{XC}(\rho\uparrow,\rho\downarrow,\nabla\rho\uparrow,\nabla\rho\downarrow) \tag{2-49}$$

注意到 ρ_{XC} 按密度梯度直接展开到二级时涉及 $\rho(\vec{r})$ 的二阶和一阶微商，需要利用分部积分或对体系做平均以得到式（2-49）。式（2-30）中对应的势仍然包括密度的二阶微商。Langreth-Mehl-Hu 近似可以得到负的相关能，对局域自旋密度近似作了很大的改进，尽管还有一些问题。Perdew 和 Wang[22]发现 $\rho_{XC}^{GEA}(\vec{r},\vec{r}')$ 有不正确的长程行为，他们[23]从梯度展开近似穴密度出发构造一个形如式（2-49）的广义梯度近似，通过删掉 ρ_{XC}^{GEA} 的正的部分使之满足方程式（2-

34)，再删掉 ρ_X^{GEA} 和 ρ_C^{GEA} 的长程部分（大的 $|\vec{r} - \vec{r}'|$）使之满足式（2-35）和式（2-36）。最新的交换能 Perdew - Wang GGA[24] 对所有的电子密度都满足方程式（2-38）、式（2-42）和式（2-43）。他们的相关 GGA 也满足这些方程和方程（2-41）。对于非常高的电子密度，交换能起主导作用，其 GGA 的非局域性更适合处理密度的非均匀性。对于典型的价电子密度，交换能的 GGA 非均匀性与相关能的部分相抵消。这个效应的物理本质非常简单，即 ρ_{XC} 比 $\rho_{X'}$ 更短程些，所以 E_{XC} 比 $E_{X'}$ 更局域。与 LSD 相比较，GGA 大大改进了原子的交换能和相关能计算结果，但价层电子的电离能仅有小的改变。分子中的键长和固体中的晶格常数稍有增加，离解能和内聚能明显降低。至少对于较轻的元素，GGA 的结果一般与实验符合得很好，不仅是共价键和金属键，氢键和范德华键的键能计算值都得到改善。Becke[25] 已研究了由周期表中的第一周期和第二周期元素构成的 56 种分子。在 LSD 近似下原子化能的平均绝对误差为 1.55 eV，而在 GGA 中仅为 0.25 eV。电离能的平均绝对误差降低得不十分大，从 LSD 中的 0.23 eV 到 GGA 中 0.15 eV。

但是应当提出，GGA 并不总是优于 LSD。例如虽然 GGA 正确地预言了铁和钴的磁性基态，但高估了磁稳定化能，而且对 4d 过渡金属的晶格常数和内聚能相应的 LSD 结果的校正过了头。[26] 当梯度很小时，形如式（2-49）的大多数的 GGA 都可还原为 GEA，例如 Perdew 和 Wang 的 GGA 变成[27-31]（忽略小的 $\nabla\zeta$ 项）

$$E_X^{GGA} \rightarrow E_X^{GGA} + \int d\vec{r} \, C_X g(\zeta) |\nabla\rho|^2 / \rho^{\frac{4}{3}} \qquad (2-50)$$

和

$$E_C^{GGA} \rightarrow E_C^{LSD} + \int d\vec{r} \, C_C(\rho) g(\zeta) |\nabla\rho|^2 / \rho^{\frac{4}{4}} \qquad (2-51)$$

这里 $g(\zeta) = [(1+\zeta)^{2/3} + (1-\zeta)^{2/3}]/2$，这是当密度变化缓慢而使梯度很小时的固有的极限。

九、相对论效应

对含重元素的计算，需要考虑相对论效应。相对论效应是由于核附近电子的高速度运动以及自旋轨道耦合产生的，它对原子电子结构和性质的影响是：s 轨道能级下降，惰化；p 轨道能级基本不变；d，f 轨道能级上升，活化；自旋 – 轨道耦合作用使原子轨道分裂。单电子对应的相对论量子动力学方程是狄拉克（Dirac）方程，而相对论效应的体现为假定光速为有限和无限时计算出来的物理量之差，即解狄拉克方程和薛定谔方程求得的结果之差。[32 – 33]

在考虑电子的几率密度正定，电子几率守恒以及方程满足 Lorentz 不变性等物理条件应得到满足的基础上，Dirac 提出电子波函数应具有多分量的形式，并且每个分量都应满足特定的二阶偏微分方程。Dirac 把电子在电磁场中的相对论运动方程写成：

$$i\hbar \frac{\partial}{\partial t}\psi = \hat{H}_D \psi \tag{2 – 52}$$

$$\hat{H}_D = c\,\vec{\alpha} \cdot \left(\hat{P} + \frac{e}{c}\vec{A} \right) + mc^2(\beta - 1) - e\phi \tag{2 – 53}$$

式中 c 是光速，在原子单位中为 137.0359895，$\hat{P}$ 是动量矢量算符，$\vec{A}$ 是外场矢势，m 是电子质量，e 是电子电荷，φ 是外场标势，$\vec{\alpha}$ 是常量矢量矩阵，β 是常量标量矩阵。Dirac 哈密顿量的本征谱包括 2 部分，即正能态和负能态，分别对应着电子和正电子。为保证式（2 – 53）满足上面所说条件，$\vec{\alpha}$ 和 β 要满足如下关系：

（1）$\vec{\alpha}$ 和 $\vec{\beta}$ 是厄米的：$\vec{\alpha}^{+} = \vec{\alpha}$，$\vec{\beta}^{+} = \vec{\beta}$；

（2）$\alpha_x^2 = \alpha_y^2 = \alpha_z^2 = \beta^2 = 1$； $\tag{2 – 54}$

（3）α_x，α_y，α_z，β 中任意 2 个算符都是反对易的。

满足上面 3 个条件的 $\vec{\alpha}$ 和 $\vec{\beta}$ 最小是 4×4 的矩阵，它们的表示并不唯一，通常采用的表示形式为：

$$\vec{\alpha} = \begin{pmatrix} 0 & -\vec{\sigma} \\ \vec{\sigma} & 0 \end{pmatrix} \qquad \vec{\beta} = \begin{pmatrix} I & 0 \\ 0 & -I \end{pmatrix} \tag{2 – 55}$$

其中 I 是二阶单位矩阵，$\vec{\sigma}$ 是 Pauli 自旋矢量矩阵：

$$\sigma_x = \begin{pmatrix} 0 & 1 \\ 1 & 0 \end{pmatrix} \quad \sigma_y = \begin{pmatrix} 0 & -i \\ i & 0 \end{pmatrix} \quad \sigma_z = \begin{pmatrix} 1 & 0 \\ 0 & -1 \end{pmatrix} \tag{2 – 56}$$

在这种表示下，电子波函数是四分量函数。对于 Dirac 方程在弱场中的正能态解，四分量波函数的下面 2 个分量约为上面 2 个分量的 $1/c$，因此上面 2 个分量被称为大分量，下面 2 个分量被称为小分量。

在无外磁场的中心力场中，$\vec{A} = 0$，令 $V(r) = -e\phi$，Dirac 方程的哈密顿可以写成：

$$\hat{H}_D = C\vec{\alpha} \cdot \hat{P} + mc^2(\beta - 1) + V(r) \qquad (2-57)$$

对于多电子体系，还没有一个严格的相对论基本方程，通常使用的 Hamiltonian 是从量子电动力学出发，用微扰展开的方法展开至 α^2 级得到的 Dirac – Coulomb – Breit（DCB）算符：

$$\hat{H}_D = \sum_i \hat{H}_D(i) + \sum_{i<j}\left(\frac{1}{r_{ij}} + B_{ij}\right) \qquad (2-58)$$

其中 $\frac{1}{r_{ij}}$ 是非相对论下电子间的 Coulom 相互作用，B_{ij} 是 Breit 相互作用项，它的与频率无关的形式是：

$$B_{ij} = -\frac{1}{2r_{ij}}\left[\vec{\alpha}_i \cdot \vec{\alpha}_j + \frac{(\vec{\alpha}_i \cdot \vec{r}_{ij})\vec{\alpha}_j \cdot \vec{r}_{ij}}{r_{ij}^2}\right] \qquad (2-59)$$

上式中第一项表示电子间的磁相互作用；称为 Gaunt 相互作用，第二项是延迟项，是由于电磁作用传播速度有限引起的。这个 Hamilton 不满足 Lorentz 不变性，没有考虑电子 – 正电子对的产生和湮灭以及电子吸收和发射虚光子等高阶的量子电动力学效应。如果要高精度计算原子中的电子能级，对于比较重的元素必须同时考虑 Breit 相互作用和量子电动力学效应才能得到合理的结果。[34-37] 相关能的处理是量子化学中非常重要的问题。在利用相对论方程处理原子和分子体系的一些性质时，通常需要考虑相关能效应才能得到比较合理的结果。但是在从头算法中，处理 Dirac – Fock 方程的计算量已经非常大，在此基础上再考虑相关能效应是非常困难的事，有时候把非相对论下计算得到的相关能作为相对论下体系的相关能。但是对于含重元素的体系这样处理不合理。[38] 一般来说，对于原子体系直接求解四分量 Dirac 方程，Desclaucx 采用有限差分的方法得到精度很高的 Dirac – Fock 方程的解。[39] 对于分子体系，一般需要采用基组展开的方法。密度泛函方法作为量子化学中另一种处理相关能的重要方法计算量相对较小，计算精度比较高。基于 DCB 哈密顿量，可以得到 Dirac – Kohn – Sham 方程。[38-42] 在证明和推导该方程时需要把变分空间选成由正能态波函数张成的空间，而在用于具体计算时把这个要求加在所用的基组上，即要求所用的基组满足动能平衡条件。实际计算表明，交换相关泛函形式的相对论校正只对原子和分子体系最内层电子有比较明显的影响，而对于我们通常研究的原子和分子体系的性质没有大的影响[43-46]，因此在通常的相对论密度泛函计算中一般直接采用非相对论交换相关能泛函的形式。

Dirac 方程是四分量方程，四分量全相对论计算方法的计算量很大，如果不作近似一般只能处理很小的体系。所以在用量子化学方法研究含重元素体系时，经常采用各种近似处理相对论效应，于是一些两分量的准相对论方法被发展起来。这些近似方法主要有 Pauli Hamiltonian 方法[32,47]、Dougals－Kroll 变换方法（DK 方法）[48]、相对论有效核势方法（relativistic effective core potential，RECP）[43,49-51]另外，其他一些近似方法主要有 ZORA 方法（zeroth－order regular approximation）[52-53]，DPT 方法（direct perturbation theory）[54-56]等。其中 ZORA 方法被认为是精度最高的相对论近似计算方法之一。Pauli Hamiltonian 方法通过对 Dirac 方程做 3 次 Foldy－Wouthuysen[57]变换，对其哈密顿量进行泰勒展开截断，从而得到 Breit－Pauli（BP）近似。这样可以得到单电子的 Pauli 方程：

$$\left\{ -\frac{1}{2m}\hat{p}^2 + V(\vec{r}) - \frac{\hat{p}^4}{8m^3c^2} + \frac{\hbar^2}{8m^2c^2}\nabla^2\hat{V}(\vec{r}) + \frac{1}{2m^2c^2}\hat{S}\cdot(\nabla V\times\hat{p}) \right\}\psi = E\psi$$

$$(2-60)$$

上式左边中的前 2 项是非相对论哈密顿项，第三项是动能的相对论修正项，第四项是势能的相对论修正项，又叫 Darwin 项。如果 V 是核的吸引势，这一项可以写成 δ 函数的形式，只对 s 轨道有影响，在不考虑自旋轨道耦合作用时，这 2 项就构成相对论效应的校正项，统称为 MVD 项（Mass－Velocity－Darwin 项）。第五项是自旋轨道耦合项，在中心力场中可以写成 $\frac{1}{2m^2c^2}\frac{1}{r}\frac{dV}{dr}\hat{S}\cdot\hat{l}$ 形式。可以看出，这一项对于 s 轨道没有影响。DK 变换方法的基本思路是通过把 Dirac 方程变换成分块对角的形式，使波函数的大分量部分和小分量部分去耦合。由于小分量部分对应的是负能态，不需要考虑，相对论方程就变成二分量方程了。相对论有效核势（RECP）方法是目前量子化学中处理相对论效应最流行的方法，它的基本思路是把价层电子和芯层电子分开，由于芯层电子一般对体系的化学性质没有影响，只需对价电子进行计算，而把芯层电子对价电子的作用用一个参数化的有效势代替。由于需要处理的电子数大大减少，有效势方法能够使计算量显著减少。这种有效势方法一般分成 2 种，一种是保留原子价层轨道径向部分节点结构的模型势方法（model potential，MP）[58-60]，另一种是使能量最低的价轨道没有节点的赝势方法（pseudopotential potential，PP）。[61-62] Van Lenthe 等人推导 ZORA 方法的基本思路类似于 Pauli Hamiltonian 方法的推导，只是在作展开时采用另外的展开方式，并且只保留到零级项。它们的展开不存在奇点，而且得到的零级方程中已经包含了相对论效应。

第三节　量化软件简介

一、Gaussian 软件[63]

　　Gaussian 是一款综合性量子化学计算的专业软件，主要利用量子力学的原理以数值方法预测化学分子的性质，并用以解释一些具体的化学问题。这款软件最初的版本是 1970 年 John Pople 和他的 Garnegie Mellon 大学课题组发布的，随着 Gaussian 软件的发展、普及和应用，对计算化学的发展作出了巨大的贡献，1998 年 John Pople 因此软件获得了诺贝尔化学奖。这款软件是专门用来进行分子轨道从头算（ab initio）、密度泛函计算和半经验计算的软件，可以预测分子的能量和结构、过渡态的能量和结构、振动频率、红外和拉曼光谱（包括预共振拉曼）、热化学性质、成键和化学反应能量、化学反应路径、分子轨道、原子电荷、电多极矩、NMR 屏蔽和磁化系数、自旋 – 自旋耦合常数、振动圆二色性强度、电子圆二色性强度、g 张量和超精细光谱的其他张量、旋光性、振动 – 转动耦合、非谐性的振动分析和振动 – 转动耦合、电子亲和能和电离势、极化和超极化率（静态的和含频的）、各向异性超精细耦合常数、静电势和电子密度等。随着计算机技术和理论化学方法的不断发展，Gaussian 的版本越来越先进，现在已经能够应用到尺度更大的体系中。本研究所用的是 Gaussian09，这个软件可以计算体系的单点能、几何优化、频率和热化学分析、反应路径跟踪、沿着指定的反应路径寻找最大的能量、势能曲面扫描、极化率和超极化率、直接动力学轨迹计算、计算核力、测试波函数稳定性、计算分子体积等。

二、GaussiaView 软件简介[63]

　　GaussView 是专为 Gaussian 用户开发，帮助建立输入文件和查看输出结果而设计的图形用户界面程序。GaussView 并没有与 Gaussian 的计算模块整合，而是作为 Gaussian 使用的前端和后台使用的辅助工具，是独立模块。GaussView Gaussian 用户在以下 3 个方面提供帮助。

（1）通过 GaussView 的可视化工具，快速绘制大分子模型图，然后对这些分子进行简单的旋转、平移或缩放操作，输出像 PDB 这类标准格式的文件。

（2）通过 GaussView 可以方便地建立各类高斯计算的输入文件。为一些常规计算任务，以及像 ONIOM 这类高级方法的使用、QST2 QST3 过渡态结构优化、CASSCF 计算、周期边界条件（PBC）的计算以及更多复杂计算的输入文件的编写提供了十分简便的方法。使用 GaussView 能在装有 Gaussian 的同一台计算机上运行 Gaussian 任务，同时还可定义默认设置，命名计算模板以加速计算处理速度。

（3）通过 GaussView 的图形显示技术，按以下图形方式查看 Gaussian 的计算结果：①优化后的分子结构和分子轨道；②来自密度计算的电子密度表面；③静电势能表面（EPS）；④磁性质表面；⑤性质等高线，原子电荷与偶极矩，应振动频率的简正振动动画；⑧红外、拉曼核磁共振及其他光谱（I Raman MR VCD）；⑨分子的立体化学信息；⑩几何优化的动画、IRC 反应路径、势能面扫描、ADMP BOMD 轨迹、两变量势能扫描三维图；⑩总能量图（Plots of the Total Energy）。

参 考 文 献

［1］徐光宪，黎乐民. 量子化学基本原理和从头计算法（上，中）［M］. 北京：科学出版社，1999，273.

［2］严明. 硼氮－碳纳米管电子结构和电学性质研究［D］. 福建：福州大学硕士研究生学位论文，2005.

［3］Roothaan. C. C. J., New Developments in Molecular Orbital Theory［J］. Rev. Mod. Phys, 1951，23：69～89.

［4］Thomas L H. The calculation of atomic fields［J］. Proc. Camb. Phil. Soc, 1927，23：542.

［5］Fermi E.. Un metodo statistico per la determinazione di alcune priorietá dell′. atome［J］. Rend. Accad. Naz. Lincei, 1927，6：602－607.

［6］Hohenberg P, Kohn W. Inhomogeneous Electron Gas［J］. Phys. Rev, 1964，136：B864－B871.

［7］kohn W., Sham L. Self－Consistent Equations including exchange and correlation effects［J］. Phys. Rev, 1965，140：A1133－A1138.

［8］谢希德，车静光，资剑，等. 计算化学［M］. 厦门：厦门大学出版社，1998：11.

［9］Parr R. G. and Yang W. Density Functional Therory of Atoms and Mocecules［M］. New York：Oxford University Press，1989.

［10］Ellis D. E., Perdwew J. P.. Density Functional Theory of Mocecules, Clusters, and Solids［M］. Kluwer Academic，1994..

［11］McQuarrie D. A.. Statistical Mechanics［M］. New York：Harper & Row，1976：64－166.

［12］David. C. Langreth, John. P. Perdew. Exchange－correlation energy of a metallic surface：Wave－Vector analysis［J］. Phys. Rev. B, 1977.15：2884－1901.

［13］D. C. Langreth, J. P. Perdew. Small and large wave－vector behavior for the structure factor of an interacting non－uniform electron gas：A reply［J］. Phys. Lett, 1982，92A：451.

［14］D. C. Langreth, J. P. Perdew. Exchange－correlation energy of a metallic surface：wave－vector analysis. II ［J］, Phys. Rev. B, 1982, 26: 2810.

［15］ Perdew John. P. , Chevary J. A. , Vosko S. H. , et al. Atoms, molecules, solids, and sur-
faces: Applications of the generalized gradient approximation for exchange and correlation
［M］. Phys. Rev. B, 1992, 46: 6671.

［16］ Levy M. and Perdew J. P. , Tight bound and convexity constraint on exchange – correlation –
energy functional in the low – density limit, and other formal tests of generalized – gradient ap-
proximations ［J］. Phys. Rev. B, 1993, 48: 11638.

［17］ Levy M. , Density – functional exchange correlation through coordinate scaling in adiabatic con-
nection and correlation hole ［J］. Phys. Rev. A, 1991. 43: 4637.

［18］ Perdew J. P. and Zunger A. , Self – interaction correction to density – functional approximations
for many – electron systems ［J］. Phys. Rev. B, 1981, 23: 5048.

［19］ Barth U. Von and Hedin L. , A local exchange – correlation potential for the spin polarized
case. i ［J］. J. Phys. C, 1972. 5: 1629 – 1643.

［20］ Kleinman L. and Lee S. . Gradient expansion of the exchange – energy density functionl: Effect
of taking limits in the wrong order ［J］. Phys. Rev. B, 1988, 37: 4634.

［21］ Langreth D. C. and Perdew J. . Theory of nonuniform electronic systems. I. Analysis of the gra-
dient approximation and a generalization that works ［J］. Phys. Rev. B, 1980, 21: 5469.

［22］ Perdew J. P. and Wang Y. . Accurate and simple density functional for the electronic exchange
energy: Generalized gradient approximation ［J］. Phys. Rev. B, 1986, 33: 8800.

［23］ Perdew J. P. . Generalized Gradiant Approximation for Exchange and Correlation. A Look For-
ward and Back – ward ［J］. Physica B, 1991, 172. 1 – 2: 1 – 6.

［24］ Perdew J. P. and Wang Y. . Pair – distribution function and its coupling – constant average for
the spin – polarized electron gas ［J］. Phys. Rev. B, 1992, 46: 12947.

［25］ Becke A. D. . Density – functiaonal thermochemistry. II. The effect of the Perdew – Wang gener-
alized – gradient correlation correction ［J］. J. Chem. Phys, 1992. 97: 9173.

［26］ Asada T. and Terakura K. , Cohesive Properties of Iron Obtained by Use of the Generalized Gra-
dient Approximation ［J］. Phys. Rev. B, 1992, 46: 13599 – 13602.

［27］ Beche A. D. Density – functional exchange – energy approximation with correct asymptotic be-
havior ［J］. Phys, Rev. A, 1988, 38: 3098.

［28］ Lee C, Yang W, Parr R. G. Development of the Colle – Salvetti correlation – energy formula into
a functional of the electron density ［J］. Phys. Rev. B, 1988, 37: 785 – 789.

［29］ Lee H., Lee C., Parr R. G. Conjoint gradient correction to the Hartree – Fock kinetic – and exchange – energy density functionals ［J］. Phys. Rev. A, 1991, 44: 768.

［30］ Wang Y., Perdew J. P.. Spin Scaling of the electron – gas correlation energy in the high – density limit ［J］. Phys. Rev. B, 1991, 43: 8911.

［31］ Ortiz G.. Gradient – corrected pseudopotential calculations in semiconductors ［J］. Phys. Rev. B, 1992, 45: 11328.

［32］ 曾谨言. 量子力学（卷 II）［M］. 北京：科学出版社, 1995.

［33］ 王繁. 含重元素分子的相对论密度泛函理论计算方法研究 ［D］. 北京大学博士论文, 2001.

［34］ Y. K. Kim What's new in relativistic atomic structure theory ［J］. Phys. Scr, 1993, T47: 54.

［35］ G. L. Malli, J. Stysznski, A. B. F. da. Silva. Ab initio calculations of relativistic and electron correlation effects in polyatomics using the universal Gaussian basis set: XeF2 ［J］ Int. J. Quant. Chem., 1995, 55: 213.

［36］ K. K. Baeck, Y. S. Lee. Effects of the magnetic part of the Breit term on the? 2Π states of diatomic hydrides ［J］. J. Chem. Phys, 1994, 100: 2888.

［37］ Visser O., Visscher L., Aerts P. J. C., Nieuwpoort W. C., Molecular open shell configuration interaction calculations using the Dirac – Coulomb hamiltonian: the f6 – manifold of an embedded EuO6 9 – cluster, J. Chem. Phys, 1992, 96: 2910.

［38］ Visscher L., Dyall K. G. Relativistic, correlation effects on molecular properties. I. The dihalogens F2, Cl2, Br2, I2, At2 ［J］. J. Chem. Phys, 1996, 104: 9040.

［39］ Desclaux J. P., A multiconfiguration relativistic DIRAC – FOCK program ［J］. Comput. Phys. Commun, 1975, 9: 31.

［40］ Rayagopal A. K., Callaway J.. Inhomogeneous Electron gas ［J］. Phys. Rev. B, 1973, 7: 1912.

［41］ M. V. Ramana, A. K. Rayagopal, Inhomogeneous Relativistic Electron Systems: A Density – Functional Formalism ［J］. Adv. Chem. Phys., 1983, 54: 231.

［42］ A. Rosen, D. E. Ellis. Relativistic molecular calculations in the Dirac – Slater model ［J］., J. Chem. Phys., 1975, 62: 3039.

［43］ Mayer M., Haberlen O. D, Rosh N. Relevance of relativistic exchange – correlation functionals and of finite nuclei in molecular density – functional calculations ［J］. Phys. Rev. A, 1996, 54: 4775.

［44］ Liu W. , Küchle W. , Dolg M. . Ab initio pseudopotential and density – functional all – electron study of ionization and excitation energies of actinide atoms ［J］ . Phys. Rev. A, 1998, 58: 1103.

［45］ Liu W. , Wüllen C. van. Spectroscopic constants of gold and eka – gold (element 111) diatomic compounds: The importance of spin – orbit coupling ［J］ . J. Chem. Phys, 1999, 110: 3730.

［46］ Varga S. , Engel E. , Sepp W. D. , etal. Systematic study of the Ib diatomic molecules Cu_2, Ag_2, and Au_2 using advanced relativistic density functionals ［J］ . Phys. Rev. A, 1999, 59: 4288.

［47］ K. Balasubramnian, Relativistic Effects in Chemistry J. comp. chem, 1997, 31 (3): 203 – 244.

［48］ Douglas M. and Kroll N. M. , Quantum electrodynamical corrections to the fine structure of helium ［J］ . Ann. Phys, 1974, 82: 89.

［49］ Pepper M. , Bursten B. E. , The electronic structure of actinide – containing molecules: a challenge to applied quantum chemistry ［J］ . Chem. Rev, 1991, 91: 719 – 741.

［50］ Dolg M. , Stoll H. , Chapter Handbook on the Physics and Chemistry of Rare Earths, edited by K. A. Gschneidner. Jr. and L. Eyring, 1996, 22: 607.

［51］ Balasubramanian K. Chapter 119, Handbook on the Physics and Chemistry of Rare Earths, edited by K. A. Gschneidner, Jr. and L. Eyring, 1994, 18: 29.

［52］ Lenthe E. van, Baerends E. J. , Snijders J. G. , Relativistic regular two – component Hamiltonians ［J］ . J. Chem. Phys, 1993, 99: 4597.

［53］ Lenthe E. van, Leeuwen R. Van, Baerends E. J. et al. Relativistic regular two – component Hamiltonians ［J］ . Int. J. Quant. Chem, 1996, 57: 281.

［54］ Rutkowski A. , Relativistic perturbation theory. III. A new perturbation approach to the two – electron Dirac – Coulomb equation ［J］ . J. Phys. B, 1986, 19: 3443.

［55］ Franke R. , Kutzelnigg W. Perturbative relativistic calculations for one – electron systems in a Gaussian basis ［J］ . Chem. Phys. Lett. , 1992, 199: 561.

［56］ M. Klobukowski. Nonrelativistic and quasirelativistic model potential calculations on AgH and Ag_2 ［J］ . J. Comp. Chem, 1983, 4: 350 – 361.

［57］ Ziegler T. , Tschinke V. , Baerends E. J. , et al. Calculation of bond energies in compounds of heavy elements by a quasi – relativistic approach ［J］ . J. Phys. Chem, 1989, 93: 3050.

［58］ Ziegler T. , Tschinke V. , Baerends E. J. , et al. Calculation of bond energies in compounds of heavy elements by a quasi – relativistic approach ［J］. J. Phys. Chem, 1989, 93: 3050.

［59］ Huzinaga S., Seijo L., Barandiarán Z., et al, The ab initio model potential method. Main group elements ［J］ J. Chem. Phys., 1987, 86: 2132.

［60］ Barandiarán Z. and Seijo L. The abinitio model potential method. Cowan – Griffin relativistic core potentials and valence basis sets from Li (Z = 3) to La (Z = 57) ［J］. Can. J. Chem, 1992, 70: 409.

［61］ Hellman H., A New Approximation Method in the Problem of Many Electrons ［J］. J. Chem. Phys, 1935, 3: 61.

［62］ Phillips J. C. and Kleinman L., New Method for Calculating Wave Functions in Crystals and Molecules ［J］. Phys. Rev, 1959, 116: 287.

［63］ Zork. Gaussian 09 用户参考手册, 2004.

第三章 过渡金属掺杂硅基纳米团簇的密度泛函理论研究

第一节 团簇的研究概况

一、团簇简介

原子或分子团簇，简称"团簇（cluster）"，是指由几个至数千个原子、分子通过特定的键合构成的相对稳定的微观或亚微观（介观）聚集体，是介于微观原子、分子与宏观凝聚态之间的新的物质结构层次。[1]团簇的物理、化学性质通常随其中所包含的原子数目的变化而变化。团簇物理学是研究团簇的原子组态和电子结构、物理和化学性质、向大块物质演变过程中与尺寸的关联以及团簇同外界相互作用的特征和规律的一门学科。[2]

由于团簇的尺寸介于宏观和微观之间，有着许多特殊的基本性质，如电子壳层与能带结构并存、极大的表体比、异常的化学活性和催化特性等，在磁学、光电子学、热学方面表现出很多新奇的现象而成为研究热点，也发展起来一门新的科学——团簇物理学。由于团簇的性质既不同于微观的原子、分子，又不同于宏观物质在介观尺寸所表现的物理现象和效应，人们将它看作是物质结构的新层次，是各种物质由原子、分子转向块体的过渡状态。团簇物理学研究的一个基本问题是弄清团簇是如何由原子、分子一步一步发展而成的，以及团簇随着这种发展其结构和性质如何变化，由团簇发展成宏观固体的临界尺寸是多大以及分立的原子能级是如何变成固体能带的。[2]

团簇包括金属簇、非金属簇、金属－非金属簇等，广泛存在于自然界和人类的实践活动，涉及许多过程和现象，如催化、燃烧、晶体生长、成核和凝固、临界现象、相变、溶胶、薄膜沉积和溅射等，构成物理学和化学 2 个学科的交汇点，成为材料科学的一个新的生长点。另外，团簇作为介于固态和气态之间的一种过渡状态，对它的形成、结合和运动规律的研究，不仅可以为发展和完善原子间相互作用的理论、各种大分子和固体形成规律提供合适的研究对象，也是宇宙分子和尘埃、大气烟雾和溶胶、云层形成和发展等在实验室条件下的一种模拟，可能为天体演化、大气污染控制和人工调节气候提供线索。换言之，就是团簇与原子分子物理、凝聚态物理、环境、大气科学、天体物理和生命科学等许多基础和应用学科相关。[3]

团簇一般具有以下基本特征：

1. 幻数和壳层结构[4]

在团簇的质谱分析中人们发现，含有某些特殊原子个数的团簇的强度呈现峰值，表明其特别稳定，这些特殊的原子个数称为"幻数"。团簇的幻数序列有 2 类：一类是位置序起主要作用的 Mackay 壳层结构，最为典型的实验结果是超声喷注产生的 Xe_n 团簇的质谱分布；另一类是电子序起主要作用的电子壳层结构，这种现象在碱金属（如 Na_n 团簇）和贵金属团簇中最为明显。对于大多数团簇，位置序和电子序是共同起作用的。

2. 非金属—金属转变

人们在研究中发现，小尺寸金属团簇的键合往往具有一定的共价键特征，随着尺寸的增加，出现由非金属向金属特性的转变。IIA 族及 IIB 族的团簇可以观察到比较明显的非金属到金属的转变。比较典型的例子是 Hg 团簇，理论和实验都证实了在 $n = 20 \sim 70$ 范围内发生了非金属—金属转变[5]，Zn 团簇和 Be 团簇的金属—非金属转变[6,7]也有报道。

3. 磁性质

过渡金属体系的异常磁性质一直是人们研究的热点之一[8,9]，因为对有限原子体系磁行为的研究不仅有助于人们理解磁现象的本质，而且可以为金属团簇和磁性微粒在新型磁记录材料、软磁材料等方面的应用提供依据。研究发现，磁性材料团簇（Fe，Co，Ni）的平均原子磁矩高于相应的块体材料的磁矩[10-14]，并随尺寸增加而减小至块体值。更有意思的是，一些非磁性材料的小团簇出现了磁矩。[15-24]

4. 光学性质

光学性质不仅可以提供团簇基态结构的有关性质，还能够反映团簇激发态的性质，因此也引起了研究者的关注。

5. 热力学性质

热力学性质主要集中在熔化行为及其热容对团簇尺寸的依赖性等方面[25,26]，因为这对于理解有限体系的相变动力学及其未来的团簇组装材料的工作环境问题极为重要。

除了上面提到的性质外，团簇的表面活性及其与表面的相互作用[27]、电导特性、红外吸收系数和磁化率的异常变化等，利用这些性质可研制新的储氢元件、敏感元件、磁性液体等。[28-33]

二、团簇的研究意义

研究团簇在许多方面具有重要的意义。首先，团簇的研究将促进理论物理、计算物理和量子化学的发展。团簇是有限粒子构成的集合，其所含的粒子数目可多可少，为量子和经典理论的研究提供了合适的研究对象。比如，团簇可以作为研究和理解固体表面及分子材料性质演化的基本单元。[34-35]

其次，团簇作为介于固态和气态之间的一种过渡状态，对它的形成、结合和运动规律的研究，不仅可为发展和完善原子间相互作用的理论、各种大分子和固体形成规律提供合适的研究对象，而且也是宇宙分子和尘埃、大气烟雾和溶胶、云层形成和发展等在实验室条件下的一种模拟，可能为天体演化、大气污染控制和人工调节气候的研究提供线索。[36]

最后，团簇作为分子与凝聚态物质间的唯一联系，本身独特的结构性质对于发展新颖的功能材料开辟了另一条途径，团簇是研究物质从分子过渡到大块晶体的一种可能性渠道。

三、团簇的研究进展

团簇的研究可追溯到 1956 年 Becker 首先用超声喷注加冷凝方法获得团簇。[37]其后有 2 个里程碑的工作：一个是 Knight 等人[38]在 1984 年发现超声膨胀产生的碱金属钠团簇的质谱具有电子壳层结构的幻数特征，另一个是 1985 年 Kroto 等人[39]在激光蒸发和脉冲分子束系统上获得团簇质谱，发现了足球烯 C_{60} 并获得了诺贝尔化学奖。之后不同体系的团簇不但在实验上而且在理论上成为研究热点。团簇研究的发展一方面得益于实验技术的不断提高，使得不同尺寸的团簇的产生及其物理化学性质的研究变得容易；另一方面得益于计算机和计算技术的迅速发展，使得利用量子化学从头算和动力学模拟团簇的结构和性质成为可能。

四、目前团簇研究的主要问题

团簇研究的基本问题是：弄清楚团簇是如何由原子、分子一步一步发展而成的，以及随着这种发展，团簇的结构和性质如何变化，当尺寸增大到多大时团簇可发展成为宏观固体，分立的原子能级是如何发展成为固体能带的。[2]团簇的各种性质大都与团簇的几何结构和电子结构有关，深入理解这些性质的关键是研究团簇的几何结构和电子结构。目前团簇研究的主要课题有如下方面：

1）团簇稳定结构及其生长模式的搜寻，实际上就是团簇的结构随尺寸的演化规律。由于在实验上确定团簇中原子的位置涉及单原子的识别与操纵，加之要得到高纯度的样品极为困难。目前主要通过观察质谱的相对丰度确定团簇的相对稳定性，特别是对于较小团簇的结构，主要通过理论研究其结构和性质。目前，发展起来的理论方法有遗传算法、人工智能算法等。

2）气相自由团簇的各种物理化学性质及其随团簇尺寸的变化规律的研究。实验上，一方面是通过光电子能谱探测团簇的电子结构主要是能级结构，另一方面是用低能电子衍射研究团簇的结构。

3）团簇与表面的相互作用。主要研究团簇在表面的扩散、吸附、沉积等动力学行为，这与团簇的潜在应用直接关联。

4）混合团簇、化合物团簇和分子团簇。半导体材料在微电子工业中起着重要的作用，对半导体材料的研究格外重要。目前，随着器件小型化进程的加快，器件有望达到原子团簇的尺寸。硅是最重要的半导体材料，它的团簇形式已成为众多理论和实验研究的焦点。[37-60]现已发现硅团簇的可见光致发光等许多性质，使其极有可能成为设计具有所需性能的光电子器件的有用材料，而且可以用它构建一些具有特殊性能的新材料。

5）团簇对外场的响应。目前已有关于团簇与强激光场相互作用的研究报道。

6）以团簇为基元的团簇纳米聚合材料及纳米电子学和分子电子装置。目前主要集中在奇特的量子电导特性方面。[31-34]

7）笼内掺杂富勒烯的结构与性质的研究。目前已有对这类富勒烯奇异的热导和电导性质的报道。[64]

五、过渡金属掺杂硅团簇的研究进展

目前硅材料已经成为微电子工业使用的主要半导体材料。随着对器件性能要求的不断提高，人们正在探索光电子取代微电子，但是单晶硅材料的禁带宽度为1.12eV，且是间接带隙半导体，很难用于发光器件，因此人们越来越注重对硅晶体的光电性能研究，硅纳米材料得到广泛的研究。人们希望它能够与现有的集成电路制造技术相结合，将来制造出纳米级的集成电路。纳米器件属于量子器件，量子器件不是像硅晶体是通过控制电子数目实现信息处理，它主要是通过控制电子波的相位进行工作的，因此具有更高的响应速度和更低的电力消耗。为了实现纳米级的集成电路，首先需要找到能达到要求的纳米材料，因此无论是实验上还是理论上对硅团簇的研究如火如荼地开展起来。但是人们在对纯硅团簇研究时发现，纯硅团簇不像碳团簇那样稳定，由于受 sp^2 杂化导致的悬挂键的影响，使得硅团簇具有较大的化学活性[52,56,57,65]，不宜作为构建新材料的结构单元。受金属掺杂的富勒烯配合物的成功经验的启发，人们想到一个行之有效的办法，就是在其中掺杂一些寄宿原子。[66]过渡金属特有的 d 壳层电子使它具有丰富的能级结构、独特的物理化学性质，因而充当了这里的寄宿原子。通过选择掺杂原子不但可以使原本不稳定的纯硅团簇变得相当稳定，还可以在很大程度上以多种方式改变纯硅团簇的电子特性，并发现如磁性及化学稳定性等这些前所未有的现象。同样，研究已表明，过渡金属掺杂的硅基团簇有效改善了纯硅团簇的稳定性，并具有强的尺寸依赖（选择）性等，这些特性可以保证团簇的化学稳定性并成为团簇集成材料的构建单元。

实验上，S. Beck.[67]运用激光蒸发超音波扩展技术首次制备了过渡金属掺杂的硅团簇 MSi_n（$M = Cu$，Cr，Mo 和 W），并从光电离方面证明了这些掺杂的硅团簇比类似尺寸的纯硅团簇表现出更高的稳定性。Scherer[68]等人用时间飞行质谱技术制备了混合过渡金属硅团簇化合物，而且通过测量激光吸收谱研究了 Cu-Si、AgSi 和 AuSi 二聚体的电子状态。2001 年，Hiura et al.[69]通过离子俘获技术产生了 $TM@Si_nH_x^+$（$TM = Cr$，Mo，W，Ir，Re，Hf，Ta；$n \leqslant 18$）团簇。并且，这些团簇结构是通过相应的过渡金属阳离子和硅烷（SiH_4）反应得到的。对于每个过渡金属，确定了最多的 Si 配体数目 N，并确定了 $TM@Si_N^+$ 正离子是完全脱氢的，这表明过渡金属和硅的化学键的饱和度很高，相应化合物具有高度稳定性。另外，Ohara[70]等人利用光电子谱和化学探针方法研究了双激光蒸发技术制备的 $TbSi_n$（$6 \leqslant n \leqslant 16$）团簇，结果表明在 $n \geqslant 10$ 时，$TbSi_n$ 团簇的结构是 Tb 原子内嵌型的金属包裹结构。随后，他们又用同样方法研究了过渡金属（$M = Ti$，Hf，Mo and W）掺杂的硅团簇，发现硅原子数目为 15 或 16 时，MSi_{16}^- 和 MSi_{15}^- 质谱丰度较大，并发现只有硅原子数目大于等于 15 时，这些团簇才会形成稳定的过渡金属包裹型结构。[71]上述实验都表明，过渡金属掺杂能够明显地影响硅团簇的几何构型，导致稳定性明显增加，相应的 MSi_n 团簇在质谱中表现出幻数行为。

受实验成果的激励，过渡金属掺杂硅基团簇的理论研究成为人们的研究热点。[72-85]Han 等人对 MSi_n（$M = Cr$，Mo，W；$n = 1 \sim 6$）小团簇的几何结构、相对稳定性、磁性及电子转移机制理论研究表明，相同尺寸 $CrSi_n$、$MoSi_n$、WSi_n 的最稳定构型不同，且有不相同的结构增长模式，但最稳定构型都对应于自旋单重态。MSi_n（$M = Mo$，W）团簇中的化学键电子转移是从硅原子向金属原子，其中的过渡金属原子相当于一个电子受体，而在 $CrSi_n$（$n = 1 \sim 3$，5）团簇中电子转移方向则刚好相反。[65] Kumar 和 Kawazoe 报道了一系列 $M@Si_n$ 团簇（$n = 14 \sim 17$，$M = Cr$，Mo，W，Fe，Cu，Os，Ti，Zr，Hf）理论研究，几乎所有这些金属掺入硅团簇都相对不同程度提高了硅团簇的稳定性。Ba8Si46 被发现是一种新的高温超导材料。[73,75] 清华大学张波[86] 在 2000 年串级飞行时间质谱仪上，用高能密度的脉冲激光束（波长为 532mm）在高真空环境中直接溅射 SiO_2 高纯试样，获得了多种 Si_nO_m 正负二元簇离子，并记录了它们的飞行时间质谱图。通过对数据的详细分析，总结出了硅氧二元团簇的生长规律。Lu[87] 研究了 $Au_2Si_n^{0/-}$（$n = 8 \sim 20$）团簇的结构演化，结果显示随着团簇尺寸的增大，团簇的几何形状由金属居于团簇外面向居于内部转变。当 $n > 20$ 时，形成了 Au_2 内嵌的笼状结构。且 $Au_2Si_{20}^{0/-}$ 团簇的化学稳定性最强。Wu[85] 等人发现 $Ti_mSi_n^-$（$m = 1 \sim 2$，$n = 14 \sim 20$）团簇中当 $m + n \leqslant 17$ 时，团簇倾向于笼状结构，而大团簇则易形成准富勒烯结构模式。他们还发现笼状结构的团簇的化学稳定性比较强，特别是 $TiSi_{16}^-$ 和 $Ti_2Si_{15}^-$ 团簇，由于其超原子的闭壳层电子结构表现得更明显。电荷转移出现反转现象，Ti 原子充当了电子受体。此外，Lu Shengjie[89] 等利用阴离子光电子能谱结合量子化学计算，研究了 $TaSi_n^{-/0}$（$n = 2 \sim 15$）团簇的结构演化和电子性质。张秀荣[90] 等人利用密度泛函理论（DFT）在 B3LYP/LanL2DZ 水平上对 $W_nSi_2^{0,\pm}$（$n = 1 \sim 5$）团簇的各种可能构型进行了几何结构优化，预测了各团簇的基态结构，并对基态构型的平均结合能、能隙、红外光谱及拉曼光谱进行了系统的分析。Dieu 等人[91] 研究了 $M = Pr$，Gd，Ho 掺杂镧系金属硅七聚体 $Si_7M^{0/-}$ 的结构、电子和磁性能。

　　许多过渡金属掺杂硅团簇的研究表明，团簇的几何结构和电子构型对理论研究非常重要。与纯硅团簇相比，金属原子的掺杂不仅使得硅团簇具有较高的稳定性，而且还使其具有各自独特的性质，如尺寸依赖性、电子反转特性、超导电性、可见区发光性质等。以金属掺杂硅团簇作为结构单元，通过恰当的组装集成发展硅基材料，可以使其在微电子技术应用和新材料领域中发挥重要的作用。总之，对过渡金属 – 半导体混合团簇的结构、性质和化学键的本质进行系统研究，不仅可以加深对相关半导体纳米材料结构和性质的理解，也可为基于混合团簇内禀性质的微电子技术应用以及合成新材料提供重要的思路和科学依据。

铌（Niobium）元素的最外层电子排布为 $4d^4 5s^1$，决定了它具有丰富的能级结构和独特的物理化学性质。目前，许多小组对含铌的团簇，如 NbC_n[92-96]、Nb_6F_{15}[97] 和 $NbSi_n$[98] 已有研究。

为了研究掺杂过渡金属原子的多少和电荷对纯硅团簇结构和性质的影响，首先运用杂化密度泛函理论分别研究了 $Nb_2Si_n^{0,+/-}$（$n = 1 \sim 6$）团簇。首先在（U）B3LYP/LanL2DZ 水平上对 $Nb_2Si_n^{0,+/-}$（$n = 1 \sim 6$）团簇的各个初始几何构型进行了优化计算，确定了 $Nb_2Si_n^{0,+/-}$（$n = 1 \sim 6$）团簇的基态几何构型，在此基础上通过比较不同团簇的原子平均结合能、分裂能，研究了它们的稳定性，通过分析 Mulliken 和自然电子布局以及自然电子构型，研究了 Nb_2Si_n（$n = 1 \sim 6$）团簇电子结构性质、磁性。该研究旨在揭示双过渡金属原子掺杂硅团簇的基本性质，为实验研究提供可靠的理论依据，为功能材料的开发提供相应的理论模型。

六、计算细节

1. 相对论效应

处理相对论效应有 2 种方法，分别为赝相对论的 Pauli 公式和零阶正则近似（ZORA）。赝相对论公式是基于 Pauli 哈密顿算符 H^{Pauli}（式（2 – 60）中是原子单位）的一阶微扰近似；零阶正则近似是通过忽略小成分（量子化学中人们说的零级近似）的狄拉克哈密顿量算符（Dirac Hamiltonian）获得的，然后展开相应的（$E - V$）$/2c^2$ 算符并且保留到一阶成分，并做处理后得到[99-100]：

$$H^{Pauli} = V + \frac{p^2}{2} - \frac{p^2}{8c^2} + \frac{\Delta V}{8c^2} + \frac{1}{4c^2}\vec{\sigma} \cdot (\nabla V \times \vec{p}) \tag{3 - 1}$$

H^{Pauli} 公式中的前 2 项（势能 V 和动能算子 $p^2/2$）表示非相对论的哈密顿算符，事实上，相应的只展开到零阶。后面的 3 项是相应于一阶相对论微扰，组成所谓的速度质量项 $p^4/8c^2$（电子质量的相对论增长的动能修正）、达尔文项 $\Delta V/8c^2$（Zitterbewegung 电子有关的有效势修正）和自旋 – 轨道耦合算符（就是电子的自旋和轨道矩成分）。在这篇文章的研究中，我们只考虑标量相对论效应，而没有考虑自旋－轨道耦合。在 Pauli 近似中，在零阶空间（非相对论分子轨道）通过对角化一阶相对论算符（也就是 H^{Pauli} 中的相对论项）而获得相对论能量修正。与一阶微扰近似相比，这种处理能够有效地修正计算的结果。尽管如此，Pauli 处理仍然存在很多问题。

如果去掉小成分的哈密顿算符（Hamiltonian），并以 $1/(2c^2 - V)$ 形式而不是 $(E - V)/2c^2$ 形式展开，大多数问题相应于 Pauli 哈密顿算符和 Pauli 近似可以解决，对于零阶近似，即可得到 ZORA 哈密顿算符（式（2－60）中是原子单位）。

$$H^{ZORA} = \vec{\sigma} \cdot \vec{p} \frac{c^2}{2c^2 - V} \vec{\sigma} \cdot \vec{p} + V \tag{3-2}$$

因此，零阶哈密顿算符不是非相对论的哈密顿算符。事实上，具体的相对论效应通常表示成 Pauli 哈密顿的层次上。零阶正则近似（ZORA）的 H^{ZORA} 的最大好处在于它可以变化地使用，并且不再含有 Pauli 哈密顿在 $r \to 0$ 的奇异点困扰。因此，与 Pauli 和非相对论密度泛函方法（（NR）DFT）相比，零阶正则相对论近似（ZORA）方法常常要更好，至少和旧的 Pauli 方法相似。

泡利方法用于处理一般全电子的计算和采用冻芯方法的重元素时会出现重大弊端，这一点主要归咎于在接近原子核的深壳层区域内，泡利形式变化的不稳定性。而 ZORA 方法却不存在这些问题，因此，与泡利方法相比，ZORA 方法更被推荐。

2. 计算方法

计算时考虑到交换相关能，选用（U）B3LYP[101,102] 能量密度泛函形式，B3LYP 杂化函数由在 Hartree－Fock 和局域自旋密度（LSD）[5] 近似的基础上使用三参数 Becke 交换势和 LYP 相关势的广义梯度近似组成。所有的计算都是在局域密度近似的基础上增加了 Becke－Perdew 的交换－关联泛函，考虑计算时间和精度，选取有效核势的 LanL2DZ 基组，该基组已多次应用于过渡金属团簇的计算。[7,103]

计算时，先对中性团簇进行几何优化。优化几何结构时，由于团簇可能的结构非常多，不能全部列举，尽可能找出相应地规则几何结构作为初始结构进行优化，同时考虑电子自旋多重度对结构的影响。团簇的每个稳定构型对应着势能面上一个局域最小，对每一种优化的构型都进行了频率分析以确定其稳定构型。若发现振动频率中有一个虚频，沿着该虚频振动模式方向调整原子坐标，重新优化直到找到一个真正的局域最小。若发现有 2 个及 2 个以上的虚频，说明该构型不存在稳定构性。通过频率分析得到稳定团簇，再由能量越低越稳定的原理得到中性团簇的最低能几何构型，并讨论了它们的原子平均结合能、分裂能、Mulliken、自然布局和自然电子构型、HOMO – LUMO 能隙等电子性质，在得到中性团簇稳定结构的基础上，考虑电荷对结构和电子性质的影响，又研究带电荷的团簇的结构和电子性质。这样研究的目的是揭示不同过渡金属原子数目和种类以及电荷对掺杂硅团簇的结构和基本性质的影响，为实验研究提供可靠的理论依据，为功能材料的开发提供相应的理论模型。

为了检验所选计算方法的可靠性，分别计算了 Si_2 和 Nb_2 的键长分别为 2.353Å 和 2.430Å；频率分别为 445.293cm^{-1} 和 307.559cm^{-1}，与最新的实验结果（Si_2[41] 的键长为 2.246Å，Nb_2[104] 的基态键长为 2.07Å，振动频率为 424.9cm^{-1}）基本一致。

第二节　$Nb_2Si_n^{0,+/-}$（$n=1\sim6$）团簇的密度泛函理论研究

一、几何结构

在（U）B3LYP/LanL2DZ 水平上对 Nb_2Si_n（$n=1\sim6$）团簇的各个初始几何构型进行了优化，图 1 给出了优化后得到的 $Nb_2Si_n^{0,+/-}$ 团簇最低能结构，表 1 给出 $Nb_2Si_n^{0,+/-}$ 团簇最低能结构的对称性、电子自旋多重态、几何参数、总能量（E_t）和电子态。优化结果显示当 $n\leqslant5$ 时，$Nb_2Si_n^{0,+/-}$ 团簇基本保持了相应原子个数的纯硅团簇的框架。当 $n=5$ 和 6 时，团簇的最低能结构和相同原子个数的纯硅团簇最低能结构相比发生了畸变，但是 $Nb_2Si_6^-$ 团簇的最低能结构却保持了 Si_8 团簇最低能结构。除了 $Nb_2Si_n^{0,+}$ 团簇最低能结构的对称性为 Cs 外，$Nb_2Si_n^{0,+/-}$（$n=1\sim6$）团簇其余最低能结构的对称性均为 C_1 对称。由计算所得的总能量可知，在 $Nb_2Si_n^{0,+/-}$（$n=1\sim6$）团簇最低能结构热力学稳定性由强到弱的团簇顺序为阴离子团簇，中性团簇，阳离子团簇，所以可以知道给 Nb_2Si_n（$n=1\sim6$）团簇增加一个负电荷可以提高团簇的热力学稳定性，而增加一个正电荷则减弱团簇的稳定性。得到的 $Nb_2Si_n^{0,+/-}$（$n=1\sim6$）团簇最短的 Nb－Si 键长和 Nb－Nb 键长的规律也是如此，因此可以推测出 $Nb_2Si_n^{0,+/-}$（$n=1\sim6$）团簇的热力学稳定性主要是由最短的 Nb－Si 和 Nb－Nb 键长决定。

1. $Nb_2Si^{0,+/-}$ 团簇

中性 Nb_2Si 团簇的 2 种可能的规则几何结构是：对称性为 $C_{\infty v}$ 的直线型和对

称性为 C_{2v} 的等腰三角形。优化结果表明，当对称性为 $C_{\infty v}$ 的 Nb_2Si 团簇的自旋多重度从 1、3 变化到 5 时，团簇的总能量分别为 -116.1627、-116.1827 和 -116.2302 Hartree，即总能量随着自旋多重度的增加而递减。C_{2v} 对称的三角形结构优化的结果显示，在 $S=1$，3 和 5 时是过渡态，降低其对称性后得到 Cs 对称。而且从表 3-1 中可知，Cs 对称在自旋多重度为 1、3 和 5 时的能量低于对称性为 $C_{\infty v}$ 相应自旋态的能量，且单重态的能量最低。因此，选 Cs 对称的自旋单重态三角形结构作为最低能结构（图 3-1），基本保持了纯硅团簇的基本框架，可看作是 2 个铌原子取代了 Si_3[105] 团簇中的 2 个硅原子，其电子态为 1-A′。

使 Nb_2Si 团簇的最低能结构分别带上正、负电荷，并考虑电子自旋多重态影响然后进行优化。优化结果显示，$Nb_2Si_n{}^+$ 和 $Nb_2Si_n{}^-$ 团簇的结构几乎和相应的中性 Nb_2Si 团簇的结构相同，均为三角形状，只不过 Nb-Si 之间的键长有所改变（图 3-1 和表 3-1）。$Nb_2Si_n{}^-$ 团簇的总能量均低于中性的和正离子 Nb_2Si 团簇，因此从总体上看阴离子 Nb_2Si 团簇的稳定性强于中性的和阳离子 Nb_2Si 团簇。从总能量可知，自旋四重态的 Cs 对称的 $Nb_2Si_n{}^+$ 和自旋二重态的 C_1 对称的 $Nb_2Si_n{}^-$ 团簇分别是最稳定的团簇。在 $Nb_2Si_n{}^{0,+/-}$ 团簇中最稳定的当属 $Nb_2Si_n{}^-$ 团簇。

2. $Nb_2Si_2{}^{0,+/-}$ 团簇

中性团簇最初的规则几何构型考虑了 3 种结构，分别是 $C_{\infty v}$ 对称的直线型、D_4h 对称的正方形和 T_3d 对称的正四面体，每一种结构都考虑了电子自旋电子多重度。优化结果得到了同一构型的 2 种对称结构 C_{2v} 和 C_1，从表 3-1 中可以看出，C_{2v} 构型的能量比较高。对于 C_1 构型，单重态和五重态的总能量比三重态的总量分别高出 0.0689 eV 和 0.7797 eV，说明低对称结构比高对称结构更稳定。因此，三重态 C_1 对称的三角形结构是最稳定的 Nb_2Si_2 团簇的结构，被选作最低能结构，其电子态为 ^3A，可看作是 2 个铌原子取代了 2 个硅原子形成的，基本保持了 Si_4[105] 团簇的基本框架，只不过稍微有些形变，即将 Si_4 团簇的平面的四边形稍微沿 2 个铌原子的连线折成一个二面角后形成的结构。对 $Nb_2Si_2{}^{+/-}$ 团簇在考虑自旋多重度下进行优化，结果显示 $Nb_2Si_2{}^{+/-}$ 团簇的几何结构基本上保持了中性 Nb_2Si_2 团簇的结构，它们的最低能结构电子自旋都是二重态，对称性是 C_1 对

称，电子态同为 ^2A 组态。

3. $Nb_2Si_3^{0,+/-}$ 团簇

分别优化了自旋单重态、三重态和五重态的中性 Nb_2Si_3 团簇的所有可能的规则结构，得到了 C_1 对称的铲状和 C_s 对称的双三棱锥状的 6 种稳定结构。从计算的总能量可知（表 3-1），自旋单重态、C_1 对称的三棱双锥结构能量最低，可看作是 2 个 Nb 原子取代了 2 个硅原子而形成的，被选作为 Nb_2Si_3 团簇的最低能结构，其电子态为 ^1A。得到了 Nb_2Si_3 团簇的最低能结构后，给其分别带一个单位的正、负电荷，考虑自旋多重度的情况下优化，结果发现 $Nb_2Si_3^{+/-}$ 团簇的最低能结构基本保持了 Nb_2Si_3 团簇最低能结构（图 3-1），它们的电子自旋多重态都是二重态，对称性均为 C_1 对称。$Nb_2Si_3^{0,+/-}$ 团簇的最低能结构的总能量分别为 $-124.1772eV$、$-123.9129eV$ 和 $-124.2474eV$。由总能量可知，$Nb_2Si_3^-$ 团簇的最低能结构是三者中热力学稳定性最强的结构，说明增加一个负电荷可以提高 Nb_2Si_3 团簇的稳定性，而增加一个正电荷则减弱了团簇的稳定性。

4. $Nb_2Si_4^{0,+/-}$ 团簇

首先对正八面体结构进行了几何构型优化和频率分析。经过不断地降低对称性，最后得到灯笼状的 C_1 构型（表 3-1）。当电子多重度从 1 变化到 3 再到 5，Nb_2Si_4 团簇的 Nb-Si 键长递增，总能量递增。说明它们的稳定性主要由 Nb-Si 键长决定，且稳定性随电子自旋的递增而递减。而由其他对称结构如 C_{4v}、D_{2h} 和 C_{2v} 得到了另外 3 种 C_1 构型，分别为 Y 型、三棱柱和双铲形。不幸的是，Y 型结构的自旋五重态不稳定，而三棱柱结构的自旋单重态不稳定。从计算的总能量可以看出，C_1 对称的单重态的 Y 型结构总能量最低，它被认为是在 Nb_2Si_4 团簇最低能结构，电子态为 ^1A。这个最低能结构可以看作是 2 个铌原子取代了 Si_6 团簇中的 2 个硅原子形成的。对阴、阳离子 $Nb_2Si_4^{+/-}$ 团簇的优化结果显示，稳定的二重态 $Nb_2Si_4^+$ 团簇的几何结构基本保持了中性团簇 Nb_2Si_4 原有的结构，但是 $Nb_2Si_4^-$ 团簇畸变稍微大一些。

5. $Nb_2Si_5^{0,+/-}$ 团簇

考虑 Nb_2Si_5 团簇的几个高对称几何结构，如五角双锥等，后经降低对称性的方法得到了 C_1 对称的 7 个稳定结构，分别为 Y 型、小舟上部戴帽型和三棱柱上部戴帽型结构。其中 Y 型的电子自旋单重态、三重态和五重态都是稳定结构。从计算的总能量可得出，单重态的总能量在这些稳定结构中的能量最低。因此，它是最稳定的结构，可被选作最低能结构。它可看作是一个硅原子戴帽在 Nb_2Si_4 团簇最低能结构的一个铌原子上（图 3 - 1），与 Si_7 团簇最低能结构相比，畸变比较明显，其电子态为 ^3A。由 Nb_2Si_5 团簇最低能结构得到的阴、阳离子团簇的优化结构表明，给中性的 Nb_2Si_5 团簇增加或者移走 1 个电荷后，它们的最稳定结构都是自旋二重态。从图 3 - 1 中可看到，$Nb_2Si_5^-$ 团簇基本保持中性团簇的原有形状，而 $Nb_2Si_5^+$ 团簇的结构畸变比较明显。$Nb_2Si_5^+$ 团簇的 Nb - Si、Si - Si 和 Nb - Nb 键长比中性的团簇和阴性团簇的相应值增加了，因而导致了几何结构变化比较大。

6. $Nb_2Si_6^{0,+/-}$ 团簇

对 D_4h 的六棱双锥进行优化和频率分析，结果都不稳定。不断降低对称性进行优化，结果得到 C_1 构型斜八面体。自旋五重态有 2 个虚频，因而不存在稳定结构，只有自旋单重态和三重态是稳定结构。这 2 个稳定结构可看作是正八面体的畸变。另外对 Oh 构型的六面体也进行了几何优化和频率分析，但得到的不规则六棱锥结构中仅仅自旋三重态是稳定结构，其他 2 个自旋组态均没有稳定结构。还考虑其他规则的结构，但是没有一个稳定结构。从总能量可判断出，自旋多重度为单重态的斜八面体的总能量最低，因此，它是最低能结构，相应的电子态为 ^1A。通过计算发现，自旋二重态 $Nb_2Si_6^+$ 和 $Nb_2Si_6^-$ 结构是最稳定的。从图 3 - 1可看出，这 2 个稳定结构中，$Nb_2Si_6^+$ 团簇的几何结构基本上保持了中性 Nb_2Si_6 团簇的斜四面体结构，只是稍微有些畸变，而 $Nb_2Si_6^-$ 团簇的畸变相当大，已经失去了中性团簇的斜四面体结构，畸变为不规则的六角双锥结构。从表 3 - 1 中可以发现，$Nb_2Si_6^-$ 团簇的 Si - Si 键长和 Nb - Nb 键长比中性 Nb_2Si_6 团簇增大了，而 Nb - Si 键长改变很小，因此，可认为团簇的几何变化是由于 Nb 原子与

Nb 原子以及 Si 原子与 Si 原子之间的相互作用引起了团簇几何结构的变化。

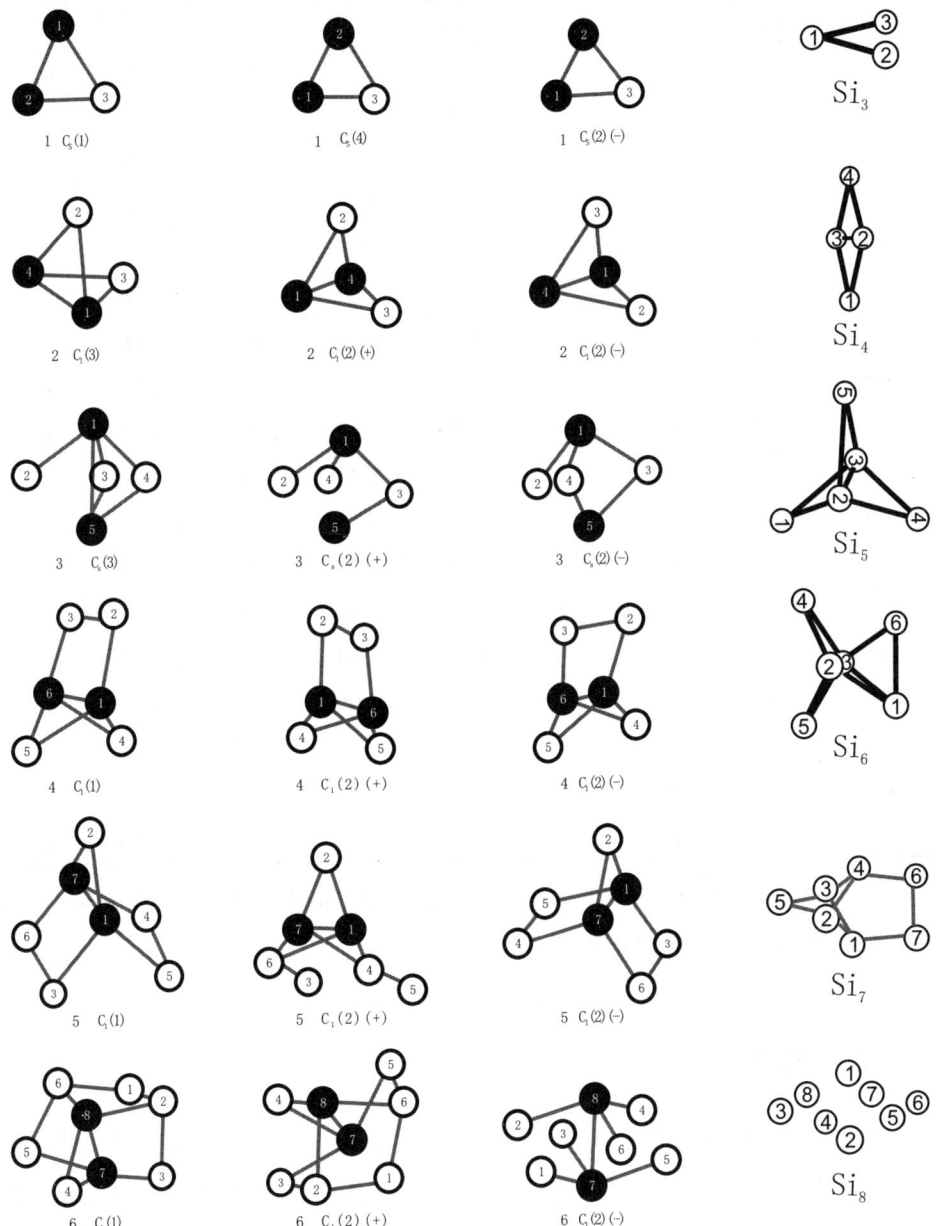

图 3－1　$Nb_2 si_n^{0,+/-}$（$n=1\sim6$）团簇最低能结构的构型

表 3 - 1　$Nb_2Si_n^{0,+/-}$（$n=1\sim6$）团簇的对称性、电子自旋多重态、几何参数、总能量（E_t）和电子态

团簇	电荷量	对称性	自旋多重度	R_1（Å）	R_2（Å）	R_3（Å）	E_t（eV）	电子态
	+1	C_s	4	2.470		2.365	-116.094	$^4A''$
Nb_2Si	0	C_s	1	2.495		2.272	-116.338	$^1A'$
	-1	C_1	2	2.510		2.216	-116.408	$^2A'$
	+1	C_1	2	2.463	2.84	2.576	-120.001	^2A
Nb_2Si_2	0	C_1	3	2.499		2.454	-120.253	^3A
	-1	C_1	2	2.533	2.951	2.365	-120.319	^2A
	+1	C_1	2	2.43	3.241	2.894	-123.913	^2A
Nb_2Si_3	0	C_1	1	2.432		2.768	-124.177	^1A
	-1	C_1	2	2.480		2.564	-124.247	^2A
	+1	C_1	2	2.444	2.275	2.797	-127.798	^2A
Nb_2Si_4	0	C_1	1	2.448	2.247	2.685	-128.054	^1A
	-1	C_1	2	2.443	2.287	2.529	-128.131	^2A
	+1	C_1	2	2.452	2.295	2.705	-131.672	^2A
Nb_2Si_5	0	C_1	1	2.436	2.269	2.639	-131.928	^1A
	-1	C_1	2	2.424	2.239	2.621	-132.011	^2A
	+1	C_1	2	2.715	2.3089	2.5075	-135.571	^2A
Nb_2Si_6	0	C_1	1	2.557	2.325	2.506	-135.827	^1A
	-1	C_1	2	2.545	2.484	2.581	-135.928	^2A

注：Sym 代表对称性；State 代表电子态；R_1，R_2 和 R_3 分别表示最短的 Nb - Si、Si - Si 和 Nb - Nb 键长；E_t 代表 $Nb_2Si_n^{0,+/-}$ 团簇的总结合能。

二、相对稳定性

为了比较中性和带电荷的 $Nb_2Si_n(n=1\sim6)$ 团簇之间的相对稳定性，计算中性和带电荷的 $Nb_2Si_n(n=1\sim6)$ 团簇的最稳定结构的原子平均束缚能（$E_b(n)$）和分裂能（$D(n,n-1)$）显得至关重要。原子的平均束缚能和分裂能的定义如下：

$$E_b(Nb_2Si_n) = \frac{2E_t(Nb) + nE_t(Si) - E_t(Nb_2Si_n)}{n+2} \qquad (3-3)$$

$$E_b(\mathrm{Nb_2Si}_n^+) = \frac{E_t(\mathrm{Nb}^+) + nE_t(\mathrm{Si}) + E_t(\mathrm{Nb}) - E_t(\mathrm{Nb_2Si}_n^+)}{n+2} \qquad (3-4)$$

$$E_b(\mathrm{Nb_2Si}_n^-) = \frac{2E_t(\mathrm{Nb}) + (n-1)E_t(\mathrm{Si}) + E_t(\mathrm{Si}^-) - E_t(\mathrm{Nb_2Si}_n^-)}{n+2} \qquad (3-5)$$

$$D(n,n-1) = E_T(\mathrm{Nb_2Si}_{n-1}) + E_t(\mathrm{Si}) - E_t(\mathrm{Nb_2Si}_n) \qquad (3-6)$$

$$D(n,n-1) = E_T(\mathrm{Nb_2Si}_{n-1}^+) + E_T(\mathrm{Si}) - E_T(\mathrm{Nb_2Si}_n^+) \qquad (3-7)$$

$$D(n,n-1) = E_T(\mathrm{Nb_2Si}_{n-1}^-) + E_T(\mathrm{Si}) - E_T(\mathrm{Nb_2Si}_n^-) \qquad (3-8)$$

这里 $E_t(\mathrm{Nb_2Si}_{n-1})$、$E_t(\mathrm{Nb_2Si}_{n-1}^+)$、$E_t(\mathrm{Nb_2Si}_{n-1}^-)$、$E_t(\mathrm{Si})$、$E_t(\mathrm{Si}^-)$、$E_t(\mathrm{Nb})$、$E_t(\mathrm{Nb}^+)$、$E_t(\mathrm{Nb_2Si}_n)$、$E_t(\mathrm{Nb_2Si}_n^+)$ 和 $E_t(\mathrm{Nb_2Si}_n^-)$ 分别代表最稳定的 $\mathrm{Nb_2Si}_{n-1}$、$\mathrm{Nb_2Si}_{n-1}^+$、$\mathrm{Nb_2Si}_{n-1}^-$、Si、Si^-、Nb、Nb^+、$\mathrm{Nb_2Si}_n$、$\mathrm{Nb_2Si}_n^+$ 和 $\mathrm{Nb_2Si}_n^-$ 的总键能。$\mathrm{Nb_2Si}_n^{0,+/-}$ 团簇的平均束缚能 $E_b(n)$ 和分裂能 $D(n,n-1)$ 的值列于表 3-2 中，从图 3-2 和图 3-3 中即可直观地观察出束缚能和分裂能随尺寸演化的特征，曲线的峰值代表相应团簇有增强的局部稳定性。

表3-2　$\mathrm{Nb_2Si}_n^+(n=1\sim6)$ 团簇的总结合能、平均束缚能 $Eb(n)$ 和分裂能 $D(n,n-1)$

（单位：E_t：hartree；E_b，$D(n,n-1)$：eV）

团簇	中性			阳离子			阴离子		
	E_t	E_b	$D(n,n-1)$	E_t	E_b	$D(n,n-1)$	E_t	E_b	$D(n,n-1)$
$\mathrm{Nb_2Si}$	-116.3378	2.2486		-116.0944	2.6259		-116.4075	2.5824	
$\mathrm{Nb_2Si_2}$	-120.2528	2.7171	4.1226	-120.0014	2.9457	3.9049	-120.3186	2.9409	4.0164
$\mathrm{Nb_2Si_3}$	-124.1772	3.0493	4.3783	-123.9129	3.1620	4.0273	-124.2474	3.2523	4.4981
$\mathrm{Nb_2Si_4}$	-128.0544	3.0568	3.0940	-127.7978	3.1856	3.3034	-128.1312	3.2559	3.2736
$\mathrm{Nb_2Si_5}$	-131.9282	3.0489	3.0014	-131.6721	3.1612	3.0150	-132.0111	3.2432	3.1674
$\mathrm{Nb_2Si_6}$	-135.8270	3.1280	3.6817	-135.5706	3.2253	3.6736	-135.9284	3.3610	4.1851

从图 3-2 中可以看出，$\mathrm{Nb_2Si}_n^{0,+/-}$ 团簇的原子平均束缚能均随 Si 原子数目的增加而增大，只是在 $n=3$ 时，$E_b(3)$ 相对于 $E_b(4)$ 的增加幅度大，而在 $n=5$ 时，$E_b(5)$ 相对于 $E_b(6)$ 有个较小的回落。说明在 $n=3$，6 时，团簇的热力学稳定性相对其他团簇稳定。从整体上来看，$\mathrm{Nb_2Si}_n(n=1\sim6)$ 的曲线比 $\mathrm{Nb_2Si}_n^+(n$

$=1\sim6$)和 $Nb_2Si_n^-$($n=1\sim6$)的都要低，并且随 Si 原子数目的增加，这 3 条曲线趋于一致，说明增加或者移走 1 个电荷可以增加团簇的稳定性。需要指出的是，原子平均束缚能在表征团簇的相对稳定性时并不相当可靠，为了更好说明团簇的相对稳定性，又考虑了它们的分裂能。图 3 - 3 中，绘制了中性和带电的 Nb_2Si_n ($n=1\sim6$)团簇的分裂能的尺寸依赖曲线。从图中可以看出，3 条曲线的趋势大致相同，在 $n=3$，6 时，出现峰值，表明与这些峰值相应的团簇比与它们相邻团簇更稳定且在质谱中占较高丰度。尤其在 $n=3$ 时，它们的分裂能都有最大值，说明 Nb_2Si_3 团簇最为稳定，与平均束缚能的结论吻合。此外，中性与带电荷 Nb_2Si_n($n=1\sim6$)团簇的分裂能曲线基本上是同步变化的，反映这些团簇的相对稳定性的变化基本一致。

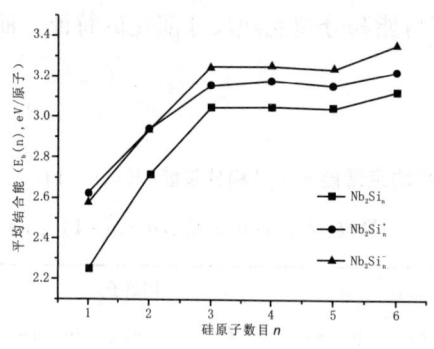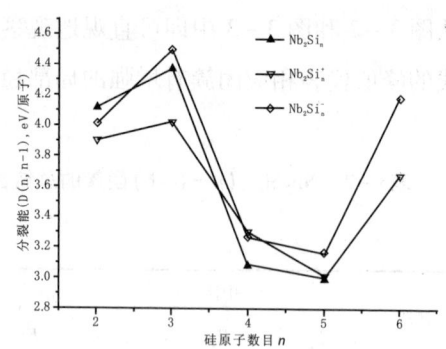

（a） $Nb_2Si_n^{0,+/-}$（$n=1\sim6$）团簇的平均结合能 E_t 随团簇尺寸 n 的变化曲线

（b） $Nb_2Si_n^{0,+/-}$（$n=1\sim6$）团簇的分裂能 $D(n,n-1)$ 随团簇尺寸 n 的变化曲线

图 3 - 2

三、电荷布局与自然键轨道分析

$Nb_2Si_n^{0,+/-}$（$n=1\sim6$）团簇最低能结构的 Mulliken 原子电荷净布局（MP）表 3 - 3 中，Nb_2Si_n 和 $Nb_2Si_n^-$（$n=1\sim6$）团簇最低能结构中 2 个铌原子的 Mulliken 大部分为负，而 $Nb_2Si_n^+$（$n=1\sim6$）团簇最低能结构中 2 个铌原子的 Mulliken 的值正、负各占总结构数的一半。其中 Nb_2Si、Nb_2Si^+、$Nb_2Si_2^+$、$Nb_2Si_4^+$ 和 $Nb_2Si_5^-$

5 个团簇的 2 个 Nb 原子的 Mulliken 原子电荷净布局都为正，说明电荷是从 Nb 原子转移到 Si 原子，即 Nb 原子是电荷施体，Si 原子是电子受体，电荷转移符合常规。但是其余团簇 2 个 Nb 原子的 Mulliken 原子电荷净布局均为负，说明电荷总体上是从 Si 原子转移到 Nb 原子，即 Si 原子是电子的施体，Nb 原子是电子的受体，出现了电子反转。这与 Mo_2Si_n($n = 9 \sim 16$)团簇[7]的现象类似，也类似于以一个过渡金属掺杂硅团簇 $TMSi_n$（TM = Cr，Mo，W，Ir，$n = 1 \sim 6$，15）[6,103-104]的现象。

由于 Mulliken 原子电荷净布局有时令人误解，例如 CuSin 团簇[65]，因此有必要分析 $Nb_2Si_n^{0,+/-}$（$n = 1 \sim 6$）团簇的自然电子布局（NP）。表 3-3 同时列出了 Nb_2Si_n($n = 1 \sim 6$)团簇最低能结构的自然电子组态和自然电荷，由表 3-4 中数据可知，$Nb_2Si_n^{0,+/-}$（$n = 1 \sim 6$）团簇最低能结构 2 个铌原子的自然电子布局除了 Nb_2Si_2 团簇外，基本符合电荷的 Mulliken 布局规律，当然，这些团簇电荷转移的方向的结论如同自然布局得出结论，但是 $Nb_2Si_2^+$ 团簇 2 个铌原子的自然布局变为正，说明电荷是从 Nb 原子转移到 Si 原子，即 Nb 原子是电荷施体，Si 原子是电子受体，电荷转移符合常规。此结论与 NbSin 团簇[37]的电荷自然布局相同。

表 3-3　$Nb_2Si_n^{0,+/-}$ 团簇最低能结构中 2 个铌原子的慕里肯电荷净布局和自然布局

团簇	中性				阳离子				阴离子			
	MP		NP		MP		NP		MP		NP	
	Nb(1)	Nb(2)	Nb(1)	Nb(2)	Nb(1)	Nb(2)	Nb(1)	Nb(2)	Nb(1)	Nb(2)	Nb(1)	Nb(2)
Nb_2Si	0.049	0.137	0.018	0.322	0.339	0.339	0.450	0.450	-0.472	-0.472	-0.256	-0.256
Nb_2Si_2	-0.243	-0.243	0.514	0.514	0.065	0.065	0.301	0.300	-0.583	-0.583	-0.221	-0.221
Nb_2Si_3	-0.546	-0.547	-0.115	-0.115	-0.281	-0.281	-0.068	-0.068	-0.702	-0.702	-0.313	-0.313
Nb_2Si_4	-0.640	-0.429	-0.149	-0.093	0.198	0.346	-0.354	-0.071	0.194	0.121	-0.341	-0.277
Nb_2Si_5	-0.884	-0.325	-0.252	-0.062	-0.774	-0.191	-0.574	-0.057	-0.868	-0.563	-0.426	-0.185
Nb_2Si_6	-0.881	0.294	-0.448	-0.180	-0.686	-0.501	-0.234	-0.053	-1.024	-1.022	-0.277	-0.276

表3-4　$Nb_2Si_n^{0,+/-}$ 团簇最低能结构中每个原子的自然电子组态和自然电荷

单位：原子单位

团簇	电荷自然布局	电荷	团簇	电荷自然布局	电荷
Nb_2Si^+			Nb_2Si		
Nb_1	$5S^{0.56}\,4d^{3.98}\,5p^{0.03}$	0.450	Nb_1	$5S^{0.96}\,4d^{3.92}\,5p^{0.03}$	0.110
Nb_2	$5S^{0.56}\,4d^{3.98}\,5p^{0.03}$	0.450	Nb_2	$5S^{0.96}\,4d^{3.92}\,5p^{0.03}$	0.110
Si	$3S^{1.81}\,3p^{2.08}$	0.100	Si	$3S^{1.84}\,3p^{2.37}$	-0.220
Nb_2Si^-			$Nb_2Si_2^+$		
Nb_1	$5S^{1.08}\,4d^{4.16}\,5p^{0.05}$	-0.256	Nb_1	$5S^{0.40}\,4d^{4.28}\,5p^{0.04}\,5d^{0.01}$	0.301
Nb_2	$5S^{1.08}\,4d^{4.16}\,5p^{0.05}$	-0.256	Nb_2	$5S^{0.40}\,4d^{4.28}\,5p^{0.04}\,5d^{0.01}$	0.300
Si	$3S^{1.86}\,3p^{2.62}\,4S^{0.01}$	-0.488	Si_1	$3S^{1.75}\,3p^{2.05}$	0.199
Si_2	$3S^{1.75}\,3p^{2.05}$	0.199			
Nb_2Si_2			$Nb_2Si_2^-$		
Nb_1	$5S^{0.63}\,4d^{4.29}\,5p^{0.04}\,5d^{0.01}$	0.067	Nb_1	$5S^{0.89}\,4d^{4.30}\,5p^{0.05}\,5d^{0.01}$	-0.221
Nb_2	$5S^{0.63}\,4d^{4.29}\,5p^{0.04}\,5d^{0.01}$	-0.067	Nb_2	$5S^{0.89}\,4d^{4.30}\,5p^{0.05}\,5d^{0.01}$	-0.221
Si_1	$3S^{1.77}\,3p^{2.29}\,4p^{0.01}$	-0.067	Si_1	$3S^{1.80}\,3p^{2.47}\,4p^{0.01}$	-0.279
Si_2	$3S^{1.77}\,3p^{2.29}\,4p^{0.01}$	0.067	Si_2	$3S^{1.80}\,3p^{2.47}\,4p^{0.01}$	-0.279
$Nb_2Si_3^+$			Nb_2Si_3		
Nb	$5S^{0.37}\,4d^{4.68}\,5p^{0.04}\,5d^{0.01}$	-0.068	Nb_1	$5S^{0.42}\,4d^{4.80}\,5p^{0.03}\,5d^{0.01}$	-0.231
Nb	$5S^{0.37}\,4d^{4.68}\,5p^{0.04}\,5d^{0.01}$	-0.068	Nb_2	$5S^{0.42}\,4d^{4.80}\,5p^{0.03}\,5d^{0.01}$	-0.231
Si	$3S^{1.73}\,3p^{1.87}$	0.392	Si_1	$3S^{1.73}\,3p^{2.11}$	0.154
Si	$3S^{1.67}\,3p^{1.95}$	0.372	Si_2	$3S^{1.73}\,3p^{2.11}$	0.154
Si	$3S^{1.67}\,3p^{1.95}$	0.372	Si_3	$3S^{1.73}\,3p^{2.11}$	0.154
$Nb_2Si_3^-$			$Nb_2Si_4^+$		
Nb_1	$5S^{0.51}\,4d^{4.79}\,5p^{0.03}\,5d^{0.02}\,6p^{0.01}$	-0.125	Nb_1	$5S^{0.42}\,4d^{4.90}\,5p^{0.05}\,5d^{0.02}$	-0.354
Nb_2	$5S^{0.51}\,4d^{4.79}\,5p^{0.03}\,5d^{0.02}\,6p^{0.01}$	-0.125	Nb_2	$5S^{0.38}\,4d^{4.68}\,5p^{0.04}\,5d^{0.02}$	-0.711
Si_1	$3S^{1.75}\,3p^{2.37}$	-0.125	Si_1	$3S^{1.73}\,3p^{1.83}\,4p^{0.01}$	0.428
Si_2	$3S^{1.75}\,3p^{2.37}$	-0.313	Si_2	$3S^{1.53}\,3p^{2.37}\,4p^{0.01}$	0.010
Si_3	$3S^{1.75}\,3p^{2.37}$	-0.312	Si_3	$3S^{1.73}\,3p^{1.82}$	0.451
			Si_4	$3S^{1.73}\,3p^{1.82}$	0.451
Nb_2Si_4			$Nb_2Si_4^-$		
Nb_1	$5S^{0.47}\,4d^{4.80}\,5p^{0.03}\,5d^{0.03}$	-0.300	Nb_1	$5S^{0.50}\,4d^{4.81}\,5p^{0.02}\,6S^{0.01}\,5d^{0.03}\,6p^{0.01}$	-0.341
Nb_2	$5S^{0.43}\,4d^{4.75}\,5p^{0.03}\,5d^{0.02}$	-0.186	Nb_2	$5S^{0.51}\,4d^{4.76}\,5p^{0.03}\,5d^{0.02}\,6p^{0.01}$	-0.277
Si_1	$3S^{1.72}\,3p^{2.13}\,4p^{0.01}$	0.145	Si_1	$3S^{1.71}\,3p^{2.39}\,4p^{0.01}$	-0.109
Si_2	$3S^{1.52}\,3p^{2.49}\,4p^{0.01}$	-0.024	Si_2	$3S^{1.58}\,3p^{2.59}\,4p^{0.01}$	-0.183
Si_3	$3S^{1.75}\,3p^{2.06}$	0.182	Si_3	$3S^{1.76}\,3p^{2.31}$	-0.075
Si_4	$3S^{1.75}\,3p^{2.06}$	0.182	Si_4	$3S^{1.76}\,3p^{2.25}$	-0.014

表 3 - 4（续）

团簇	电荷自然布局	电荷	团簇	电荷自然布局	电荷
$Nb_2Si_5{}^+$			Nb_2Si_5		
Nb_1	$5S^{0.42}\,4d^{5.08}\,5p^{0.07}\,5d^{0.04}$	-0.574	Nb_1	$5S^{0.41}\,4d^{5.04}\,5p^{0.05}\,5d^{0.04}$	-0.505
Nb_2	$5S^{0.37}\,4d^{4.68}\,5p^{0.03}\,5d^{0.02}$	-0.057	Nb_2	$5S^{0.41}\,4d^{4.71}\,5p^{0.03}\,5d^{0.02}$	-0.124
Si_1	$3S^{1.76}\,3p^{1.70}$	0.533	Si_1	$3S^{1.75}\,3p^{1.90}$	0.337
Si_2	$3S^{1.76}\,(\ )\,3p^{1.84}\,(\ )\,4p^{0.01}$	0.396	Si_2	$3S^{1.73}\,3p^{2.10}\,4p^{0.01}$	0.166
Si_3	$3S^{1.52}\,(\ )\,3p^{2.32}\,(\ )\,4p^{0.01}$	0.153	Si_3	$3S^{1.54}\,3p^{2.47}\,4p^{0.01}$	-0.020
Si_4	$3S^{1.75}\,(\ )\,3p^{1.84}\,(\ )\,4p^{0.01}$	0.396	Si_4	$3S^{1.73}\,3p^{2.10}\,4p^{0.01}$	0.166
Si_5	$3S^{1.52}\,3p^{2.31}\,4p^{0.01}$	0.153	Si_5	$3S^{1.54}\,3p^{2.47}\,4p^{0.01}$	-0.020
$Nb_2Si_5{}^-$			$Nb_2Si_6{}^+$		
Nb_1	$5S^{0.43}\,4d^{4.94}\,5p^{0.03}\,6S^{0.01}\,5d^{0.04}\,6p^{0.01}$	-0.426	Nb_1	$5S^{0.32}\,4d^{4.83}\,5p^{0.08}\,5d^{0.04}\,6p^{0.01}$	-0.234
Nb_2	$5S^{0.44}\,4d^{4.74}\,5p^{0.03}\,5d^{0.02}\,6p^{0.01}$	0.057	Nb_2	$5S^{0.29}\,4d^{4.67}\,5p^{0.08}\,5d^{0.04}\,6p^{0.01}$	-0.053
Si_1	$3S^{1.73}\,3p^{2.20}\,4p^{0.01}$	-0.109	Si_1	$3S^{1.57}\,3p^{2.20}\,4p^{0.01}$	0.221
Si_2	$3S^{1.71}\,3p^{2.39}\,4p^{0.01}$	-0.210	Si_2	$3S^{1.54}\,3p^{2.30}\,4p^{0.01}$	0.151
Si_3	$3S^{1.54}\,3p^{2.66}\,4p^{0.01}$	-0.03	Si	$3S^{1.59}\,3p^{2.21}\,4p^{0.01}$	0.193
Si_4	$3S^{1.69}\,3p^{2.33}\,4p^{0.01}$	-0.097	Si	$3S^{1.72}\,3p^{1.95}\,4p^{0.01}$	0.318
Si_5	$3S^{1.53}\,3p^{2.55}\,4p^{0.01}$	-0.185	Si	$3S^{1.71}\,3p^{1.91}\,4p^{0.01}$	0.367
			Si	$3S^{1.48}\,3p^{2.47}\,4p^{0.01}$	0.037
Nb_2Si_6			$Nb_2Si_6{}^-$		
Nb_1	$5S^{0.38}\,4d^{5.01}\,5p^{0.02}\,5d^{0.04}\,6p^{0.04}$	-0.424	Nb_1	$5S^{0.28}\,4d^{4.93}\,5p^{0.06}\,5d^{0.05}$	-0.277
Nb_2	$5S^{0.31}\,4d^{4.81}\,5p^{0.04}\,5d^{0.04}\,6p^{0.02}$	-0.206	Nb_2	$5S^{0.28}\,4d^{4.93}\,5p^{0.06}\,5d^{0.05}$	-0.276
Si_1	$3S^{1.62}\,3p^{2.28}\,4p^{0.01}$	0.101	Si_1	$3S^{1.62}\,3p^{2.45}\,4p^{0.01}$	-0.079
Si_2	$3S^{1.50}\,3p^{2.55}\,4p^{0.01}$	-0.074	Si_2	$3S^{1.56}\,3p^{2.50}\,4p^{0.01}$	-0.067
Si_3	$3S^{1.68}\,3p^{2.09}\,4p^{0.01}$	0.227	Si_3	$3S^{1.62}\,3p^{2.45}\,4p^{0.01}$	-0.078
Si_4	$3S^{1.76}\,3p^{2.00}\,4p^{0.01}$	0.224	Si_4	$3S^{1.62}\,3p^{2.45}\,4p^{0.01}$	-0.080
Si_5	$3S^{1.68}\,3p^{2.09}\,4p^{0.01}$	0.226	Si_5	$3S^{1.56}\,3p^{2.50}\,4p^{0.01}$	-0.066
Si_6	$3S^{1.50}\,3p^{2.55}\,4p^{0.01}$	-0.074	Si_6	$3S^{1.62}\,3p^{2.45}\,4p^{0.01}$	-0.078

　　众所周知，原子核外电子排布遵循能量最低原理、Pauli 不相容原理和 Hund 规则。能量最低原理是指通过对基态原子的核外电子进行排布，使整个原子的能

量处于最低状态，而非电子尽可能地排布在参量最低的原子轨道。电子排布时按照能级顺序进行排布，能级顺序为 1s→2s→2p→3s→3p→4s→3d→4p→5s→⋯。Pauli 不相容原理则指出每个原子轨道最多只能容纳 2 个电子，且自旋方向相反（↑↓），Hund 规则告诉大家在能量相等的简并轨道上，电子优先以自旋方向相同的方式分别占据不同的简并轨道，使原子的总能量最低。原子中的电子排布就是电子组态。按照以上规则，Nb 原子核外电子最外层的排布为 $4d^4 5s^1$，这个电子排布虽然不符合人们的常规思维（常规认为应该是 $4d^3 5s^2$），令人费解，但它却是能量最低的排布，这有可能使它和其他过渡金属元素有不同的成键性质，因此有必要讨论 $Nb_2 Si_n^{0,+/-}$（$n = 1 \sim 6$）团簇最低能结构的自然键轨道分析。

从表 3 – 4 可知，$Nb_2 Si_n^{0,+/-}$（$n = 1 \sim 6$）团簇最低能结构中铌原子的 5s 轨道上的自然电荷分布在 0.28 ~ 1.08，铌原子 NBO 电荷主要集中在 4d 轨道上，分布在 3.98 ~ 5.08，5p 轨道上的 NBO 电荷在 0.03 ~ 0.07，从 $Nb_2 Si_2^+$ 团簇首次出现了 5d 轨道，有趣的是没有出现低能级的 6S 轨道，却出现了 5d 轨道。同理，从 $Nb_2 Si_3^-$ 团簇首次出现了 6p 轨道，更是令人费解，因为电子组态中仍没有 6s 能级（6s 能级的能量低于 5d 和 6p），5d 和 6p 轨道上的电荷分布很少，5d 上的电荷在 0.03 ~ 0.07，而 6p 轨道上的电荷在 0.01 ~ 0.05。$Nb_2 Si_n^{0,+/-}$（$n = 1 \sim 6$）团簇中除了 $Nb_2 Si^{0,+}$ 团簇外，其余团簇最低能结构的铌原子的 4d 轨道和 5p 轨道得到电子，5s 轨道失去电子，说明铌原子内部有轨道杂化现象。从 Si 原子的自然电子组态可知，硅原子的 NBO 电子组态比较复杂一些。除过 $Nb_2 Si_3^+$ 和 $Nb_2 Si_4^+$ 团簇硅原子的 3s 和 3p 轨道电荷分布都小于 2，说明这两轨道都失去了电荷，硅原子充当了电荷的施体。其他团簇最低能结构的硅原子的 3S 轨道上的电荷分布在 1.50 ~ 2.66，3p 轨道上的电荷分布在 2.08 ~ 2.66。说明这些团簇中 Si 原子的 3s 轨道得到电子，而 3s 轨道失去电子，这说明硅原子内部也出现了杂化现象。4p 轨道更复杂，在 $Nb_2 Si^-$、$Nb_2 Si_2$、$Nb_2 Si_2^-$、$Nb_2 Si_4^+$ 和 $Nb_2 Si_4^-$ 团簇中硅原子没有 4p 轨道，其他团簇硅原子则有 4p 轨道，且得到少量电子。由表 3 – 4 中 $Nb_2 Si_n^{0,+/-}$（$n = 1 \sim 6$）团簇最低能结构中各个原子上的净电荷分布可知，铌原子的净电荷分布在 $-0.574 \sim 0.450e$，硅原子的净电荷分布在 $-0.488 \sim 0.533e$，铌原子的净电荷分布的范围小于硅原子的相应值，说明硅原子在 $Nb_2 Si_n^{0,+/-}$（$n = 1 \sim 6$）团簇最低能结构中比铌原子对电荷的调节能力强，易于形成化学键。

四、$Nb_2Si_n^{0,+/-}$ 团簇的 HOMO – LUMO 能隙

表 3 – 5 给出 $Nb_2Si_n^{0,+/-}$（$n = 1 \sim 6$）团簇最低能结构的 HOMO、LUMO 轨道能量以及二者之间的能量差（E_{gap}）。HOMO 是已占有电子的能级最高的轨道，它的数值一般为负值，大小表示体系失去电子的能力，数值越大表明越容易失去电子，负的越多，电子越难拿走。LUMO 是最低未占据电子轨道，即没有电子在上面，其能量负的越多，表示它接受电子越容易；如果数值为正，表示它接纳电子的能力越弱。二者的能量差被称为 HOMO – LUMO 能隙，一般用 HOMO – LUMO E_{gap} 表示。HOMO – LUMO E_{gap} 的值越小，说明电子越容易从最高占据分子轨道 HOMO 跃迁到最低未占据分子轨道 LUMO 上，也就是说体系具有较强的化学活性，而当 E_{gap} 较大时，则说明电子很难从最高占据分子轨道 HOMO 跃迁到未占据轨道 LUMO，认为化学性质上比较稳定。

表 3 – 5　$Nb_2Si_n^{0,+/-}$（$n = 1 \sim 6$）团簇最低能结构的最高占据分子轨道（HOMO）和最低未占据轨道（LUMO）2 个能级的能量以及两者之间的能隙即 HOMO – LUMO 能隙（单位:eV）

团簇	中性			阳离子			阴离子		
	HOMO	LUMO	gap	HOMO	LUMO	gap	HOMO	LUMO	gap
Nb_2Si	-5.126	-3.540	1.586	-10.308	-8.027	2.281	-0.327	1.823	2.150
Nb_2Si_2	-5.245	-2.533	2.712	-10.041	-8.463	1.578	-0.626	1.850	2.476
Nb_2Si_3	-5.638	-3.193	2.445	-10.340	-7.783	2.557	-0.680	1.714	2.394
Nb_2Si_4	-5.542	-3.317	2.225	-10.041	-7.728	2.313	-0.844	1.034	1.878
Nb_2Si_5	-5.571	-3.515	2.056	-9.959	-7.674	2.285	-1.021	0.533	1.554
Nb_2Si_6	-5.687	-3.683	2.004	-9.823	-7.973	1.850	-1.683	0.624	2.307

从表 3 – 5 可知 $Nb_2Si_n^{0,+/-}$（$n = 1 \sim 6$）团簇的 HOMO 的数值均为负值，而且 $Nb_2Si_n^+$（$n = 1 \sim 6$）团簇的 HOMO 值明显小于中性 Nb_2Si_n（$n = 1 \sim 6$）团簇和 $Nb_2Si_n^-$（$n = 1 \sim 6$）团簇的 HOMO 值，说明阳离子 $Nb_2Si_n^+$（$n = 1 \sim 6$）团簇 HOMO 轨道上的电子越难被拿走。$Nb_2Si_n^{0,+}$ 团簇的 LUMO 均为负值，但是 $Nb_2Si_n^-$ 团簇

的 LUMO 值为正，说明它很接受电子。究竟哪个团簇的化学稳定性更强，必须计算它们的 HOMO – LUMO 能隙。图 3 – 4 中绘制出了 $Nb_2Si_n^{0,+/-}$ 团簇最低能结构的 HOMO – LUMO 能隙（E_{gap}）随着 Si 原子数目的变化尺寸依赖关系曲线。从曲线图上可以看出，增加或者移走一个电荷明显影响团簇的化学稳定性。$Nb_2Si_n^+$（$n = 1$ ~ 6）团簇的 HOMO – LUMO 能隙除了 $n = 2$，6 外普遍增大，而 $Nb_2Si_n^-$（$n = 1$ ~ 6）团簇的 HOMO – LUMO 能隙除了 $n = 1$，6 外普

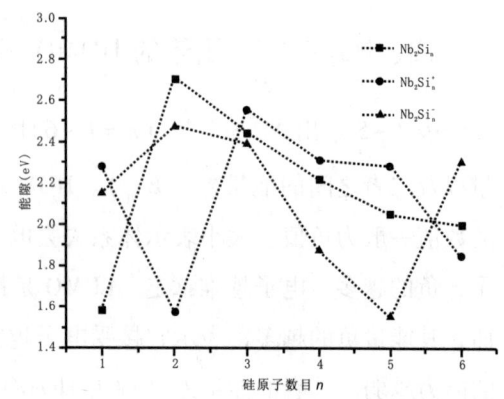

图 3 – 4　$Nb_2Si_n^{0,+/-}$（$n = 1$ ~ 6）团簇最低能结构的 HOMO – LUMO 能隙 E_{gap} 随团簇尺寸 n 的变化曲线

遍减小。Nb_2Si_2 团簇的 HOMO – LUMO 能隙最大，说明它的化学稳定性是 Nb_2Si_n（$n = 1$ ~ 6）团簇中最强的。但是移走一个电荷对 Nb_2Si_2 和 Nb_2Si_3 团簇的影响最大。移走一个电荷后，$Nb_2Si_2^+$ 的 HOMO – LUMO 能隙最小，而使 $Nb_2Si_3^+$ 的 HOMO – LUMO 能隙最大，致使 $Nb_2Si_2^+$ 和 $Nb_2Si_3^+$ 分别成为 $Nb_2Si_n^+$（$n = 1$ ~ 6）团簇中化学活性最强和化学稳定性最强的；但是，增加一个电荷，$Nb_2Si_2^-$ 团簇的 HOMO – LUMO 能隙仍然最大，而 $Nb_2Si_5^-$ 团簇的 HOMO – LUMO 能隙最小，致使它们成为 $Nb_2Si_n^-$（$n = 1$ ~ 6）团簇中化学稳定性和化学活性最强的。同时从表 6 中还可以看出，$Nb_2Si_n^{0,+/-}$（$n = 1$ ~ 6）团簇最低能结构的 HOMO – LUMO 能隙均大于 1. 5eV 而小于 3eV，说明 $Nb_2Si_n^{0,+/-}$（$n = 1$ ~ 6）团簇均具有半导体特征，有望成为半导体组装材料的基本单元。

　　为了得到纯硅团簇掺杂原子个数对其化学稳定性的影响，比较了 Nb_2Si_n、Si_{n+2} 和 $NbSi_n$（$n = 1$ ~ 6）团簇的 HOMO – LUMO 能隙。由表 3 – 6 可知，纯硅团簇最低能结构的 HOMO – LUMO 能隙大于 $NbSi_n$ 团簇最低能结构的 HOMO – LUMO 能隙，说明给纯硅团簇中掺杂一个铌原子可以大大提高纯硅团簇的化学活性，但

是 Nb_2Si_n 团簇最低结构的 HOMO – LUMO 能隙却大于 $NbSi_n$ 团簇最低能结构的 HOMO – LUMO 能隙，说明掺杂 2 个铌原子虽然提高了纯硅团簇的化学活性，但是提高强度弱于掺杂 1 个铌原子的。三者的 HOMO – LUMO 能隙的排序为 E_{gap} （ $NbSi_n$ ） < E_{gap} （ Nb_2Si_n ） < E_{gap} （ Si_{n+2} ），因此可知，给纯硅团簇中掺杂 1 个铌原子可以大大提高纯硅团簇的化学稳定性。另外由表 3 – 6 可知，无论掺杂 1 个铌原子还是掺杂 2 个铌原子都可使团簇的导电能力增强，团簇的半导体特征由于掺杂过渡金属更加明显。但是掺杂 1 个铌原子的团簇半导体特征更强，说明在纯硅团簇中并不是掺杂的过渡金属原子越多，导电能力越强。

表3 – 6　Nb_2Si_n（$n = 1 \sim 6$）、Si_{n+2} 和 $NbSi_n$（$n = 1 \sim 6$）团簇最低能结构的 HOMO – LUMO 能隙

n	E_{gap}（Nb_2Si_n）	E_{gap}（Si_{n+2}）[a]	E_{gap}（$NbSi_n$）[b]
1	1.586	2.45	1.066
2	2.712	2.39	0.395
3	2.445	3.3	1.626
4	2.225	3.26	1.92
5	2.056	3.15	1.821
6	2.004	2.6	1.611

注：a. Raghavachari K. , Logovinsky V. Structure and bonding in small silicon clusters ［J］. Phys. Rev. Lett, 1985, 55：2853 – 2856.

b. 赵普举，侯榆青，任兆玉，等. 密度泛函方法研究 NbSin（$n = 1 \sim 6$）团簇 ［J］. 西安：西北大学学报（自然科学版），2008, 38（06）：900 – 904.

五、磁性

为了得到 $Nb_2Si_n^{0,+/-}$（$n = 1 \sim 6$）团簇最低能结构的磁性与团簇尺寸和结构的关系，在（U）B3LYP /LanL2DZ 水平下计算了它们的磁矩。磁矩是通过计算电荷的 Mulliken 布局分析得到，即用自旋向下的电子数减去自旋向上的电子数目为其总磁矩。图 3 – 5 中直观地给出 $Nb_2Si_n^{0,+/-}$（$n = 1 \sim 6$）团簇最低能结构的总磁矩

和每个原子局域磁矩的方向和大小，同时将相关数据列在表 3 – 7 中。从表 3 – 7 中可看出，中性的 $Nb_2Si_n(n=1,3\sim6)$ 团簇最低能结构的总磁矩为零，发生"磁矩猝灭"现象。产生这种现象的原因主要是因为电子的自旋磁矩比电子轨道磁矩大。有趣的是，Nb_2Si_2 团簇却具有磁矩，也就是说 Nb_2Si_2 团簇可以作为磁性材料结构单元组装磁性材料。$Nb_2Si_n{}^{+/-}(n=1\sim6)$ 团簇最低能结构全部具有磁性，除了 Nb_2Si^+ 团簇的总磁矩为 $3.00\mu B$ 外，其余团簇的最低能结构总磁矩均为 $1.00\mu B$。因此，$Nb_2Si_n{}^{+/-}(n=1\sim6)$ 团簇均可作为磁性材料的结构单元。由于 $Nb_2Si_n{}^{+/-}(n=1\sim6)$ 团簇均有磁性，说明增加或减小 1 个电荷可以改变 Nb_2Si_n $(n=1\sim6)$ 团簇的磁性。

Nb_2Si 团簇的总磁矩为零，是由于团簇中每个原子没有局域磁矩引起的。Nb_2Si^+ 团簇的磁矩是 $3.00\mu B$，是 $Nb_2Si_n{}^{0,+/-}(n=1\sim6)$ 团簇中磁性最强的团簇，铌原子的总磁矩是 $2.66\mu B$，硅原子的局域磁矩是 $0.34\mu B$。很明显地可以看出，总磁矩主要是由 2 个铌原子贡献，他们几乎贡献了 90% 的磁矩，硅原子只贡献了 10% 左右。由此可知，Nb_2Si^+ 团簇最低能结构的总磁矩主要来源于过渡金属铌原子，而且 Nb 与 Nb、Nb 与 Si 之间都是铁磁性耦合。$NbSi^-$ 团簇的总磁矩为 $1.00\mu B$，是来自 2 个铌原子的铁磁性耦合（$0.524\mu B$），Nb 与 Si（$-0.046\mu B$）之间的抗铁磁性耦合形成的。中性的 Nb_2Si_2 团簇为 $2.00\mu B$，是 $Nb_2Si_n{}^{0,+/-}(n=1\sim6)$ 团簇中磁性强度排列第二位的团簇，是由 2 个铌原子的局域磁矩（$0.98\mu B/$个）和 2 个硅原子的局域磁矩（$0.02\mu B/$个）贡献得到的，且 Nb 与 Nb、Nb 与 Si 之间都是铁磁性耦合。Nb_2Si_3 团簇每个原子的局域磁矩都为零，因此总磁矩为零。$Nb_2Si_3{}^+$ 团簇和 $Nb_2Si_3{}^-$ 团簇的总磁矩（$1.0\mu B$）是 Nb 与 Nb、Nb 与 Si 和 Si 与 Si 之间的铁磁耦合而成。$Nb_2Si_4{}^+$ 团簇的总磁矩为 $1.00\mu B$，如图 3 –4 所示，是 Nb_6 与 Si_3、Si_3 与 Si_2 反铁磁性耦合，与其他原子之间的铁磁耦合共同形成的。$Nb_2Si_4{}^-$ 团簇的总磁矩为 $1.00\mu B$，但是这是由所有原子局域磁矩铁磁性耦合而成。$Nb_2Si_5{}^+$、$Nb_2Si_5{}^-$ 和 $Nb_2Si_6{}^+$ 团簇最低能结构的总磁矩也为 $1.00\mu B$，从图 3 –4 中可知这 3 个团簇的总磁矩是铁磁性耦合和反铁磁性耦合共同产生的。$Nb_2Si_6{}^-$ 团簇最低能结构的总磁矩（$1.00\mu B$）则是由所有原子的局域磁矩的铁磁性耦合得到的。

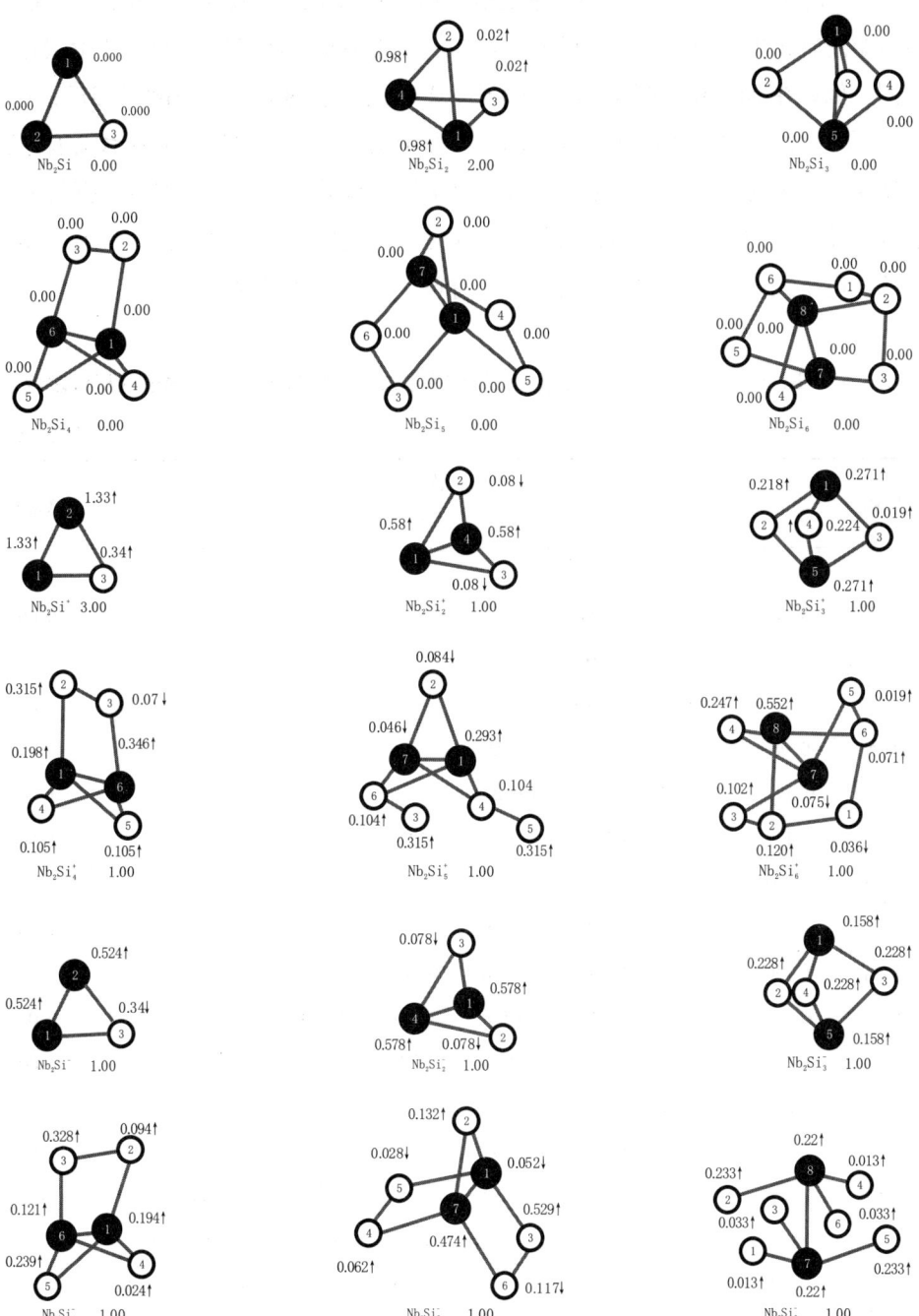

图 3-5 $Nb_2Si_n^{0,+/-}$ （$n=1\sim6$）团簇最低能结构的总磁矩和原子的局域磁矩（单位：μB）

从 $Nb_2Si_n^{+/-}$（$n = 1 \sim 6$）团簇最低能结构中各原子的局域磁矩可知，原子的局域磁矩既有正也有负。从前面的分析可知，团簇中每个原子团簇的磁性贡献几乎不同。例如在 $Nb_2Si_5^-$ 和 $Nb_2Si_6^+$ 团簇中，2 个铌原子的局域磁矩刚好相反，这 2 个铌原子对团簇总磁矩的作用也不同。硅原子也有这样的现象。为什么会有这样的现象，原因尚未找到，正如有人说过渡金属团簇原子由于具有部分占据的 d 电子以及 d 电子的局域性，因此其幻数不能用电子壳层模型描述一样，过渡金属原子的 d 电子或许对团簇的磁性有影响，有待于今后继续研究。

表3 - 7　$Nb_2Si_n^{0,+/-}$（$n = 1 \sim 6$）团簇最低能结构的总磁矩（TMM）和每个原子的局域磁矩

（单位：μB）

团簇	局域磁矩								总磁矩
	Nb_1	Nb_2	Si_1	Si_2	Si_3	Si_4	Si_5	Si_6	
Nb_2Si^+	1.33	1.33	0.34						3.00
Nb_2Si	0.00	0.00	0.00						0.00
Nb_2Si^-	0.524	0.524	-0.046						1.0
$Nb_2Si_2^+$	0.58	0.58	-0.08	-0.08					1.00
Nb_2Si_2	0.98	0.98	0.02	0.02					2.00
$Nb_2Si_2^-$	0.578	0.578	-0.078	-0.078					1.00
$Nb_2Si_3^+$	0.271	0.271	0.218	0.019	0.224				1.00
Nb_2Si_3	0.000	0.000	0.000	0.000	0.000				0.00
$Nb_2Si_3^-$	0.158	0.158	0.228	0.228	0.228				1.00
$Nb_2Si_4^+$	0.198	0.346	0.315	-0.07	0.105	0.105			1.00
Nb_2Si_4	0.00	0.00	0.00	0.00	0.00	0.000			0.00
$Nb_2Si_4^-$	0.194	0.121	0.328	0.094	0.239	0.024			1.00
$Nb_2Si_5^+$	0.293	-0.084	-0.046	0.315	0.104	0.315	0.104		1.00
Nb_2Si_5	0.000	0.000	0.000	0.000	0.000	0.000	0.000		0.00
$Nb_2Si_5^-$	-0.052	0.474	0.132	0.529	0.062	-0.028	-0.117		1.00
$Nb_2Si_6^+$	-0.075	0.552	-0.036	0.120	0.102	0.247	0.019	0.071	1.00
Nb_2Si_6	0.00	0.00	0.00	0.00	0.00	0.00	0.00	0.00	0.00
$Nb_2Si_6^-$	0.220	0.220	0.013	0.233	0.033	0.013	0.233	0.033	1.00

六、极化率

众所周知，电子云是表征原子或分子中电子出现的概率，它的形状会随着外电场作用的变化而发生改变。极化率作为衡量电子云形状改变程度的物理量，在一定程度上反映了极化过程的难易程度，既可表征体系对外电场的响应，也可用来表征物质非线性的光学特性，在一定程度上反映出分子间相互作用的强度（如分子间的色散力、取向作用力和长程诱导力等），也能影响散射与碰撞过程的截面，是分析物质变形性的常用手段。极化率张量平均值（$<\alpha>$）是极化率在 xx、yy 和 zz 轴上张量的平均值，其值越小，说明团簇结合得越紧密，体系原子间的相互作用越强，其在外场作用下就越容易保持原有的电子云形状，形变程度也就越小。极化率的各向异性不变量（$|\Delta\alpha|$）可表征体系在外加电场中的响应程度，是反映在外场作用下体系极化率各向异性的物理量。$\Delta\alpha$ 值越大，体系结构越受到外场影响。利用密度泛函理论在（U）B3LYP/ LanL2DZ 水平下计算了 $Nb_2Si_n^{0,+/-}$（$n=1\sim6$）团簇的极化率。极化率张量的平均值、平均线性极化率（$<\bar{\alpha}>$）和极化率的各向异性不变量（$\Delta\alpha$）的定义分别如下：

$$<\alpha> = \frac{1}{3}tr(\alpha_{ij}) = \frac{1}{3}(\alpha_{xx} + \alpha_{yy} + \alpha_{zz}) \tag{3-9}$$

$$\Delta\alpha = \left[\frac{(\alpha_{xx} - \alpha_{yy})^2 + (\alpha_{yy} - \alpha_{zz})^2 + (\alpha_{zz} - \alpha_{xx})^2 + 6(\alpha_{xy}^2 + \alpha_{yz}^2 + \alpha_{zx}^2)}{2}\right]^{\frac{1}{2}} \tag{3-10}$$

计算的结果列在表 3-8 中。图 3-6 给出 $Nb_2Si_n^{0,+/-}$（$n=1\sim6$）团簇极化率随着团簇尺寸变化的规律，从图中可看出，$Nb_2Si_n^{0,+/-}$（$n=1\sim6$）3 种团簇最低能结构的极化率张量随团簇的尺寸而增大，即极化率受团簇的大小影响很大，大尺寸团簇较小尺寸的更容易被较强的外场所破坏。另外，受原子间相互作用的影响，整个团簇对外场的响应逐渐增加，非线性光学反应强，更容易被外加场极化，使得非线性光学效应显现。究其原因，是由于原子间的化学键逐渐减弱，电子定域性减少，离域性增加导致的。图 3-7 给出 $Nb_2Si_n^{0,+/-}$（$n=1\sim6$）团簇最低能结构的极化各向异性不变量随团簇尺寸变化的曲线。图 3-7 中 Nb_2Si^+ 团簇最低能结构的极化各向异性不变量是最大的，说明该团簇对外场的各向异性响应较强，$Nb_2Si_6^+$ 团簇的极化各向异性不变量最小，即它对外场的各向异性响应软弱。

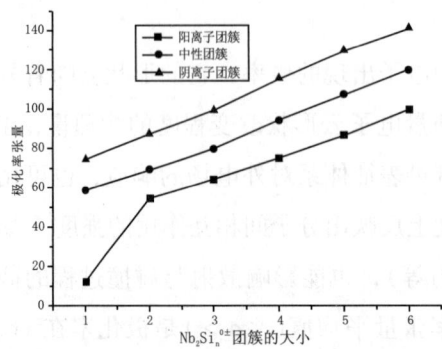

图 3 - 6 极化率张量随 $Nb_2Si_n^{0,+/-}$（$n = 1 \sim 6$）团簇大小的变化曲线

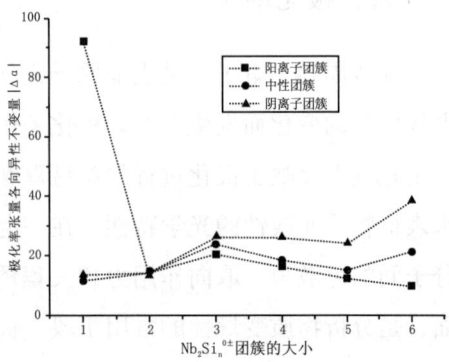

图 3 - 7 极化率张量各向异性不变量随 $Nb_2Si_n^{0,+/-}$（$n = 1 \sim 6$）团簇大小的变化曲线

表3 - 8　$Nb_2Si_n^{0,+/-}$（$n = 1 \sim 6$）团簇最稳定结构的极化率张量（α_{ij}），极化率（$<\alpha>$），极化率各向异性（$|\Delta\alpha|$）

团簇	α_{xx}	α_{xy}	α_{yy}	α_{xz}	α_{zz}	α_{yz}	$<\alpha>$	$|\Delta\alpha|$
Nb_2Si^+	48.499	−3.313	37.007	0.000	49.278	0.000	12.34	91.97
Nb_2Si	64.615	3.604	53.012	0.000	58.511	0.000	58.71	11.83
Nb_2Si^-	82.709	−2.888	73.821	0.000	68.183	0.000	74.90	13.64
$Nb_2Si_2^+$	45.562	0.000	60.995	0.000	57.194	0.000	54.58	13.93
Nb_2Si_2	59.564	0.000	73.304	0.000	75.067	0.000	69.31	14.70
$Nb_2Si_2^-$	91.4908	0.000	78.297	0.000	92.435	0.000	87.41	13.69
$Nb_2Si_3^+$	50.734	0.005	72.507	0.000	69.905	0.057	64.38	20.60
Nb_2Si_3	64.007	0.000	87.970	0.000	87.976	0.002	79.98	23.97
$Nb_2Si_3^-$	81.912	0.000	108.367	0.000	108.365	0.000	99.55	26.45
$Nb_2Si_4^+$	67.159	−4.945	76.033	0.000	83.207	0.000	75.47	16.35
Nb_2Si_4	96.045	−10.056	90.260	−0.008	96.894	−0.007	94.40	18.51
$Nb_2Si_4^-$	124.520	−10.040	106.750	−4.296	114.938	−5.413	115.40	26.13
$Nb_2Si_5^+$	79.428	0.001	89.037	3.267	91.841	0.002	86.77	12.62
Nb_2Si_5	105.336	−0.002	111.837	7.829	104.857	0.002	107.34	15.15
$Nb_2Si_5^-$	131.068	4.695	138.062	9.464	120.261	−2.492	129.80	24.39
$Nb_2Si_6^+$	100.393	−0.372	104.275	0.996	93.982	−2.000	99.55	9.82
Nb_2Si_6	123.391	−0.008	129.752	0.019	106.469	−2.901	119.87	21.44
$Nb_2Si_6^-$	151.147	0.004	156.412	−2.051	115.859	−0.254	141.14	38.36

七、电离势和亲和势

除了束缚能和分裂能以外，我们还计算了 Nb_2Si_n（$n = 1 \sim 6$）团簇最低能结构的绝热电离势（绝热电离势）、垂直电离势（VIP）、绝热电子亲和势（AEA）以及垂直电子亲和势（VEA）。绝热电离能表示中性团簇最低能结构失去 1 个电子得到稳定的阳离子团簇所需的能量，垂直电离能是中性团簇最低能结构失去 1 个电子得到阳离子团簇所需要的能量，绝热电子亲和势是中性团簇得到 1 个电子变为稳定的阴离子团簇放出的能量，垂直电子亲和能是中性团簇得到 1 个电子变为阴离子团簇放出的能量。它们的定义如下：

$$\text{绝热电离势} = E_t(\text{优化后的 } Nb_2Si_n{}^+) - E_t(\text{优化后的 } Nb_2Si_n) \quad (3-11)$$

$$\text{垂直电离势} = E_t(\text{未经优化的 } Nb_2Si_n{}^+) - E_t(\text{优化后的 } Nb_2Si_n) \quad (3-12)$$

$$\text{绝热电子亲和势} = E_t(\text{优化后的 } Nb_2Si_n) - E_t(\text{优化后的 } Nb_2Si_n{}^-) \quad (3-13)$$

$$\text{垂直电子亲和势} = E_t(\text{优化后的 } Nb_2Si_n) - E_t(\text{未经优化的 } Nb_2Si_n{}^-)$$

$$(3-14)$$

各式中 E_t 表示相应的团簇的总能量。

表 3-9 中列出了 Nb_2Si_n（$n = 1 \sim 6$）团簇最低能结构的绝热电离势、垂直电离势。图 3-8 绘出了 $Nb_2Si_n{}^+$（$n = 1 \sim 6$）团簇最低能的绝热电离能和垂直电离能数值大小与尺寸的关系曲线。从图中可看出，绝热电离能开始随硅原子数目的增大而增大，$n = 3$ 时达到最大，然后开始下降，但是在 $n = 6$ 时有稍许上升，总体呈现倒"V"形。Nb_2Si_n（$n = 1 \sim 6$）团簇最低能结构的垂直电离势的变化趋势基本与绝热电离势变化规律相似，说明 $Nb_2Si_n{}^+$（$n = 1 \sim 6$）团簇基本上都保持了相应最稳定中性 $Nb_2Si_n{}^+$（$n = 1 \sim 6$）团簇的结构框架。但绝热电离势与垂直电离势毕竟存在微小差异（$0.0871 \sim 0.2884$ eV），说明带正电 $Nb_2Si_n{}^+$（$n = 1 \sim 6$）团簇的构型相对于相应的中性 Nb_2Si_n 团簇多少发生了改变。Nb_2Si 团簇的绝热电离势值具有最小值 6.623 eV，表明在实验上很容易得到它们的阳离子形式且在质谱中可观测到较高的峰值。

由电离势的定义可知，电离势的大小反映了原子得失电子的能力，电离能越小，说明原子越容易失去电子；体系的金属性越强，电离能越大，说明原子越不易失去电子，团簇的金属性越弱。由表 3 − 9 可知，Nb_2Si_3 团簇最低能结构的绝热电离能最大，说明其金属性越弱。有趣的是他的垂直电离能也最大。垂直电离能越大，团簇越稳定，因此 Nb_2Si_3 团簇最低能结构的化学稳定性越强。

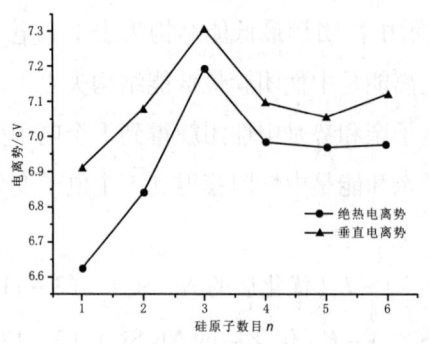 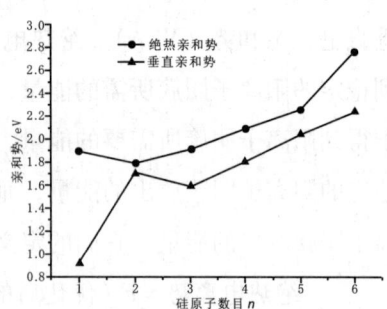

图3 − 8 $Nb_2Si_n^{0,+/-}$ ($n = 1 \sim 6$) 团簇绝热电离能和垂直电离能随团簇尺寸变化的关系曲线

图3 − 9 $Nb_2Si_n^{0,+/-}$ ($n = 1 \sim 6$) 团簇垂直和绝热亲和势随团簇尺寸变化的关系曲线

表3 − 9 $Nb_2Si_n^{+}$ ($n = 1 \sim 6$) 团簇最低能结构的绝热电离势、垂直电离势及二者的差值，$Nb_2Si_n^{-}$ ($n = 1 \sim 6$) 团簇最低能结构的绝热电子亲和势以及垂直电子亲和势及二者的差值（单位：eV）

团簇	绝热电离势	垂直电离势	绝热电离势 − 垂直电离势	团簇	绝热电子亲和势	垂直电子亲和势	绝热电子亲和势 − 垂直电子亲和势
Nb_2Si^{+}	6.6233	6.9117	0.2884	Nb_2Si^{-}	1.8966	0.9198	0.9768
$Nb_2Si_2^{+}$	6.8410	7.0777	0.2367	$Nb_2Si_2^{-}$	1.7905	1.7007	0.0898
$Nb_2Si_3^{+}$	7.1920	7.3063	0.1143	$Nb_2Si_3^{-}$	1.9103	1.5919	0.3184
$Nb_2Si_4^{+}$	6.9825	7.0968	0.1279	$Nb_2Si_4^{-}$	2.0899	1.8096	0.2803
$Nb_2Si_5^{+}$	6.9689	7.0560	0.0871	$Nb_2Si_5^{-}$	2.2558	2.0463	0.2095
$Nb_2Si_6^{+}$	6.9771	7.1240	0.1469	$Nb_2Si_6^{-}$	2.7593	2.2368	0.5225

在表 3 – 9 中还列出了 $Nb_2Si_n(n=1\sim6)$ 团簇最低能结构的绝热电子亲和势以及垂直电子亲和势。图 3 – 9 绘出了 $Nb_2Si_n(n=1\sim6)$ 团簇最低能结构的绝热电离能和垂直电离能 的尺寸依赖曲线。从图中可看出，$Nb_2Si_n(n=1\sim6)$ 团簇最低能结构的绝热电子亲和势随团簇尺寸的增大而增大，垂直电子亲和势的变化规律也基本相同。两条曲线不同之处有 2 个，其一是 Nb_2Si 团簇的绝热亲和势略大于 Nb_2Si_2 团簇，说明 Nb_2Si 团簇比 Nb_2Si_2 团簇更容易得到电子，是因为铌原子最外层有 5 个电子，Si 原子最外层有 4 个电子，Nb_2Si 团簇最外层有 14 个电子，无法构成稳定排布，而 Nb_2Si_2 团簇最外层有 18 个电子，易构成稳定排布，因此 Nb_2Si 团簇的绝热亲和势略大于 Nb_2Si_2 团簇，同时也说明 Nb_2Si 团簇的化学活性强于 Nb_2Si_2 团簇。其二是 $Nb_2Si_n(n=1\sim6)$ 团簇最低能结构的垂直电离能变化内曲线中 Nb_2Si_2 团簇大于相邻的团簇。从图 3 – 9 中可看出 $Nb_2Si_n(n=1\sim6)$ 团簇最低能结构的绝热亲和势与垂直亲和势的差值较小，在 $0.0898\sim0.3184eV$ 范围内，说明 $Nb_2Si_n^{-}(n=1\sim6)$ 团簇基本保持中性团簇的几何结构。但是，$n=1$ 和 6 时，$Nb_2Si_n^{-}$ 团簇的绝热亲和势与垂直亲和势的差值较大，分别为 $0.977eV$ 和 $0.523eV$，说明在 $n=1$ 和 6 时，$Nb_2Si_n^{-}(n=1\sim6)$ 团簇结构相对于中性 $Nb_2Si_n(n=1\sim6)$ 团簇有较大变化，只不过 Nb_2Si^{-} 团簇保持了中性 Nb_2Si 团簇的基本构型。Nb_2Si_2 团簇的绝热亲和势具有最小值 $1.791eV$，说明 Nb_2Si_2 团簇得到 1 个电子所需的能量最少，所以 Nb_2Si_2 团簇相对于其他团簇更易得到电子变成负离子，Nb_2Si_6 团簇的垂直亲和势最大，说明它最不易得到电子成为离子团簇。

八、红外光谱

一个多原子分子的体系存在的振动方式可能很多，但并不是所有分子的振动都能吸收红外光，只有当分子的振动不致改变分子的偶极矩时，它就不能吸收红外光谱，不具备红外活性，即红外光谱的吸收强度是由振动中的偶极矩变化大小决定的。各图簇最低能结构红外光谱特征峰的归属振动列在表 3 – 10 中。

表3-10 $Nb_2Si_n^{0,+/-}$ ($n=1\sim6$) 团簇最稳定结构红外光谱特征峰的归属振动统计表

团簇	频率	强度	振动模式
Nb_2Si^+	226.49	0.427	Si_2 沿着 Nb_1-Nb_3 联线方向摇摆振动
	417.89	0.180	Nb_1-Nb_3 伸缩振动
Nb_2Si	237.89	2.387	Si_3 绕着 Nb_1-Nb_2 联线面外摇摆振动
	339.98	2.874	Nb_1-Nb_2 伸缩振动
	437.56	2.543	Nb_1-Nb_2 和 Nb_1-Si_3 及 Nb_2-Si_3 之间伸缩振动
Nb_2Si^-	353.71	11.824	Nb_1-Nb_3 伸缩振动
	437.83	7.984	Nb_1-Nb_3 和 Nb_1-Si_2 及 Nb_3-Si_2 之间伸缩振动
Nb_2Si^+	353.71	11.824	Nb_1-Nb_3 伸缩振动
	437.83	7.984	Nb_1-Nb_3、Nb_1-Si_2 和 Nb_3-Si_2 三者伸缩振动
$Nb_2Si_2^+$	119.64	1.702	Si_2-Si_3 之间的伸缩振动
	251.03	3.743	Nb_1-Nb_4 沿彼此联线的摇摆振动
Nb_2Si_2	126.73	1.056	Si_2 与 Si_3 伸缩振动
	196.36	2.203	Nb_1 与 Nb_4 原子摇摆振动
	289.05	1.600	2 个铌原子伸缩振动
	368.28	1.339	Si_3-Nb_1、Si_3-Nb_4 伸缩振动，Si_2-Nb_1、Si_2-Nb_4 伸缩振动
	427.53	3.160	组成体系所有原子之间伸缩振动
$Nb_2Si_2^-$	301.15	13.334	Nb_1-Nb_4 沿彼此联线的伸缩振动
	352.67	6.556	Si_2-Si_3 垂直于 Nb_1-Nb_4 联线摇摆振动
	427.81	7.052	Si_3-Nb_1、Si_3-Nb_4 伸缩振动 + Si_3-Nb_1、Si_3-Nb_4 伸缩振动
$Nb_2Si_3^+$	352.72	5.325	Nb_1-Nb_5 沿彼此联线摇摆振动
	373.46	1.009	Si_2 和 Si_4 在与 Nb_1-Nb_5 联线垂直的面内摇摆振动
Nb_2Si_3	349.10	14.618	Nb_4-Nb_5 面内沿二者联线摇摆振动
	399.62	6.950	3 个 Si 原子与 2 个 Nb 原子之间伸缩振动
	400.27	6.978	Nb_4-Nb_5 + 全部的 Nb-Si 伸缩振动
$Nb_2Si_3^-$	296.35	15.382	Nb_1-Nb_5 沿彼此联线摇摆振动
	390.07	16.746	Si_3 和 Si_4 在与 Nb_1-Nb_5 联线垂直的面内摇摆振动
	390.13	16.732	Si_2 和 Si_3 在与 Nb_1-Nb_5 联线垂直的面内摇摆振动
$Nb_2Si_4^+$	217.96	2.354	Si_2-Si_3 面内摇摆振动
	404.44	3.702	Nb_1-Nb_6 伸缩振动
	477.61	20.280	Si_2-Si_3 面外摇摆振动
Nb_2Si_4	181.12	5.298	Nb_1-Nb_6 面内摇摆振动
	237.11	3.503	Nb_1-Si_2 伸缩振动
	297.13	3.082	Si_4，Si_5 沿着 Nb_1-Nb_6 方向摇摆振动
	506.32	6.312	Si_2-Si_3 伸缩振动

表 3 - 10（续）

团簇	频率	强度	振动模式
$Nb_2Si_4^-$	36.25	3.209	$Si_2 - Si_3$ 摇摆振动
	267.10	4.810	$Si_5 - Nb_6$ 摇摆振动
	328.41	9.142	$Si_3 - Nb_6$ 伸缩振动
	440.57	3.998	$Si_4 - Si_5$ 面外摇摆振动
$Nb_2Si_5^+$	343.39	5.635	$Si_4 - Nb_1 + Si_6 - Nb_1$ 摇摆振动
	457.36	8.188	$Si_4 - Si_5 + Si_3 - Si_6$ 面外摇摆振动
	463.95	27.429	$Si_4 - Si_5 + Si_3 - Si_6$ 面内摇摆振动
Nb_2Si_5	142.67	1.848	$Si_4 - Si_6$ 面外摇摆振动
	182.24	2.756	$Si_6 - Nb_7$ 面内摇摆振动
	218.14	1.234	$Si_3 - Nb_1$ 面外摇摆振动
	246.00	1.565	$Si_3 - Si_5$ 面外振动
	479.54	20.600	$Si_3 - Si_6$、$Si_4 - Si_5$ 面外摇摆振动
$Nb_2Si_5^-$	112.47	3.842	$Si_3 - Si_6$、$Si_4 - Si_5$ 面外摇摆振动
	166.43	3.867	$Si_3 - Nb_1$ 面外摇摆振动
	330.00	6.167	$Nb_7 - Si_4$ 摇摆振动
	405.45	5.239	$Nb_7 - Si_2$ 摇摆振动
	440.31	5.908	$Si_3 - Si_6$ 面外摇摆振动
	496.77	3.684	$Si_4 - Si_5$ 面外摇摆振动
$Nb_2Si_6^+$	238.96	5.647	$Si_1 - Si_6$ 摇摆振动 $+ Si_2 - Si_3$ 摇摆振动
	243.08	5.691	$Si_5 - Si_6 + Si_2 - Si_3$ 面外摇摆振动
	260.44	4.078	$Si_3 - Nb_7$ 摇摆振动
	300.14	4.539	$Si_4 - Nb_7$ 摇摆振动
	336.26	3.948	$Si_1 - Si_2$ 面外摇摆振动
	443.52	4.905	$Si_5 - Si_6$ 面内摇摆振动
Nb_2Si_6	46.72	5.217	Si_4 在 $Si_4 - Nb_7 - Nb_8$ 组成的面内摇摆振动
	196.88	4.085	$Si_1 - Si_6$ 在 $Si_6 - Nb_8 - Si_2 - Si_1$ 组成的平面内摇摆振动
	260.79	6.308	$Si_1 - Si_2$ 在 $Si_6 - Nb_8 - Si_2 - Si_1$ 组成的平面内摇摆振动
	271.85	5.698	$Si_5 - Si_6 + Si_2 - Si_3$ 面外摇摆振动
	358.35	4.035	$Si_1 - Si_2$ 面外摇摆振动
	427.12	5.608	$Si_5 - Si_6 + Si_2 - Si_3$ 面外摇摆振动
	262.10	3.822	$Nb_7 - Nb_8$ 沿二者联线摇摆振动
	359.75	14.346	$Si - Nb_8$ 摇摆振动
	366.69	3.3386	$Si_1 - Nb_7 + Si_4 - Nb_8$ 摇摆振动

九、小结

运用密度泛函方法在（U）B3LYP/LanL2DZ 水平上研究了 $Nb_2Si_n^{0,+/-}$（$n=1$ ~6）团簇的几何构型、稳定性和电子性质。结论如下：

1）$Nb_2Si_n^{0,+/-}$（$n=1$ ~6）团簇最低能结构基本上都保持了 Si_{n+2} 团簇基态构型的框架，是 2 个 Nb 原子替代了 Si_{n+2} 团簇中的硅原子，不过团簇尺寸不同，替代位置不同而已，唯有 $Nb_2Si_6^-$ 团簇的最低能结构变化较为严重，已经完全偏离了 Nb_2Si_6 团簇的基本框架。Nb_2Si_n（$n=1,3$ ~6）团簇最低能结构的电子自旋多重度都是自旋单重态，唯有 Nb_2Si_2 团簇最低能结构电子自旋三重态。除了 Nb_2Si^+ 团簇外，$Nb_2Si_n^{+/-}$（$n=1$ ~6）团簇最低能结构电子自旋都是二重态，电子态也都为 ^2A。

2）根据平均束缚能和分裂能分析可知，$Nb_2Si_n^{0,+/-}$（$n=1$ ~6）团簇最低能结构的平均结合能和分裂能随团簇大小 n 的变化规律基本一致。在 Nb_2Si_n（$n=1$ ~6）团簇中，Nb_2Si_3 团簇、$Nb_2Si_3^+$ 团簇和 $Nb_2Si_3^-$ 团簇分别中性的、阳离子和阴离子 $Nb_2Si_n^{0,+/-}$（$n=1$ ~6）团簇最低能结构是热力学稳定性最强的。而 $Nb_2Si_3^-$ 团簇最低能结构则是研究的所有团簇中热力学稳定性最强。因此可知，增加或减少电荷可以提高 Nb_2Si_n（$n=1$ ~6）团簇的势力学稳定性。

3）通过分析 Nb_2Si_n（$n=1$ ~6）团簇的自然布局，发现 $Nb_2Si_n^{0,+/-}$（$n=3$ ~6）团簇和 $Nb_2Si_2^-$ 团簇最低能结构中的 Nb 的 Mulliken 电荷均为负值，说明电荷是从硅原子转移到 Nb 原子的，即 Nb 原子是电荷受体，Si 是电荷的施体，也就是说在 $Nb_2Si_n^{0,+/-}$（$n=3$ ~6）团簇最低能结构出现电荷反转。$Nb_2Si_n^{0,+/-}$（$n=1$ ~6）团簇最低能结构中各个原子上的自然净电荷分布可知，铌原子的净电荷分布在 -0.574 ~$0.450e$，硅原子的净电荷分布在 -0.488 ~$0.533e$，铌原子的净电荷分布的范围小于硅原子的相应值，说明硅原子在 $Nb_2Si_n^{0,+/-}$（$n=1$ ~6）团簇最低能结构中比铌原子对电荷的调节能力强，易于形成化学键。

4）$Nb_2Si_n^{0,+/-}$（$n=1$ ~6）团簇最低能结构的 HOMO 的数值均为负值，而且 $Nb_2Si_n^+$（$n=1$ ~6）团簇的 HOMO 值明显小于 Nb_2Si_n（$n=1$ ~6）团簇和 $Nb_2Si_n^-$（$n=1$ ~6）团簇的 HOMO 值，说明阳离子 $Nb_2Si_n^+$（$n=1$ ~6）团簇 HOMO 轨道上的电

子越难被拿走。$Nb_2Si_n(n=1\sim6)$ 团簇和 $Nb_2Si_n^+(n=1\sim6)$ 团簇的 LUMO 值也是负值，说明这些团簇的 LUMO 轨道也易接纳电子。但是 $Nb_2Si_n^-(n=1\sim6)$ 团簇最低能结构的 LUMO 值是正值，说明阴离子体系化学稳定性强于 $Nb_2Si_n(n=1\sim6)$ 团簇和 $Nb_2Si_n^+(n=1\sim6)$ 团簇。

Nb_2Si_2 团簇的 HOMO – LUMO 能隙最大，Nb_2Si 团簇的 HOMO – LUMO 能隙最小，说明它们二者分别是 $Nb_2Si_n(n=1\sim6)$ 团簇中化学稳定性和化学活性最强的。同理可知，$Nb_2Si_2^+$ 和 $Nb_2Si_3^+$ 分别成为 $Nb_2Si_n^+(n=1\sim6)$ 团簇中化学活性最强和化学稳定性最强的，$Nb_2Si_2^-$ 团簇和 $Nb_2Si_5^-$ 团簇是 $Nb_2Si_n^-(n=1\sim6)$ 团簇中化学稳定性和化学活性最强的。

5）$Nb_2Si_n^{0,+/-}(n=1\sim6)$ 团簇最低能的磁性的研究结果表明，$Nb_2Si_n(n=1,3\sim6)$ 团簇最低能结构的总磁矩为零，即发生"磁矩猝灭"现象。$Nb_2Si_n^+(n=2\sim6)$ 团簇和 $Nb_2Si_n^-(n=1\sim6)$ 团簇的最低能结构的总磁矩相同，都为 $1.00\mu B$，Nb_2Si^+ 团簇的磁矩最大，为 $3.0\mu B$。各个铌原子和硅原子在不同团簇中对团簇的磁矩的作用不同。

6）$Nb_2Si_n^{0,+/-}(n=1\sim6)$ 3 种团簇最低能结构的极化率张量随团簇尺寸的增大而增大，即极化率受团簇的大小影响很大，大尺寸团簇较小尺寸的更容易被较强的外场所破坏。另外，受原子间相互作用的影响，也导致整个团簇对外场的响应逐渐增加，非线性光学反应强，更容易被外加场极化，因而使得非线性光学效应显现。

7）由 $Nb_2Si_n^+(n=1\sim6)$ 团簇最低能结构的绝热电离势和垂直电离势的结果发现，二者随团簇尺寸的变化规律一致。有趣的是，$Nb_2Si_n^-(n=1\sim6)$ 团簇最低能结构的绝热电子亲和势以及垂直电子亲和势随团簇尺寸变化规律也基本一致。由于垂直电离势与绝热电离能差值很小，说明 $Nb_2Si_n^+$ 团簇和 Nb_2Si_n 团簇[(n=1~6)]结构的构型相同。Nb_2Si 团簇的绝热电离势值具有最小值 $6.623eV$，表明在实验上很容易得到它们的阳离子形式且在质谱中可观测到较高的峰值。

第三节　Nb_2Ge_n（$n=1\sim4$）团簇的密度泛函理论研究

　　块体的硅和锗作为半导体材料很早就备受关注，为现代信息科技奠定了基础。由于锗和硅同处于元素周期表 IVA 主族，分属 2 个周期，硅是第三周期的元素，锗是第四周期的元素。它们的最外层电子排布相同，都属于 ns^2np^2 排布。因此当硅纳米材料成为材料学的研究热点时，锗材料也没有被落下。国内外许多学者都投入到有关锗材料的研究中。如 1984 年 G Pacchioni[108]等人通过赝势 MRD CI 计算了 Al_n（$n=3\sim5$）和 Ge_m（$m=3\sim6$）团簇的稳定性、几何结构和电子性质。他们发现，最稳定的 Al 团簇是高自旋多重态，结构是 Al 面心立方晶格的变形部分；而最稳定的锗团簇则是基态单重态，结构并不是类金刚石 Ge 晶体的一部分。Deutsch，P. W[109]等人采用 2 种方法计算了 Ge_n（$n=2\sim5$）团簇的结合能，他们发现 Ge_2 和 Ge_3 的计算值和实验值相吻合，Ge_4 和 Ge_5 的计算值和实验值差异较大。Li BaoXing[110]等人采用分子动力学计算了 Ge_n（$n=3\sim10$）团簇并和 Si_n（$n=3\sim10$）团簇进行了比较，他们发现 研究小 Ge_n（$n=3\sim10$）团簇的结构和能量，两者的基态结构除了 $n=8$ 和 $n=10$ 之外大致相同。Haeck[111]小组用密度泛函方法计算研究了 Ge_nLi_m（$n=1\sim5,m=1\sim4$）中性的和阳离子团簇的几何构型和电子性质。他们从光化电离曲线得到了垂直电离能和电离阈值范围为 $4.68\sim6.24eV$，并和计算得到的绝热电离能进行了比较。Mahtout[112]用密度泛函方法研究了 $CrGe_n$（$15\leqslant n\leqslant29$）团簇的电子和磁学性质，他们提出掺入 Cr 原子可以提高团簇的稳定性，团簇的 HOMO – LUMO 能隙随团簇尺寸的增加而减小。$CrGe_n$（$15\leqslant n\leqslant29$）团簇的磁矩则由掺入的 Cr 原子的位置和团簇的结构决定。他们还分析了垂直电离能、垂直电子亲和势和化学硬度。

　　本部分采用研究 Nb_2Si_n（$n=1\sim4$）团簇的同样方法研究了 Nb_2Ge_n（$n=1\sim4$）

团簇，旨在揭开同一种过渡金属掺杂在同一主族元素的规律。

一、几何结构和相对稳定性

图 3 - 10 给出 Nb_2Ge_n 和 $Nb_2Si_n(n = 1 \sim 4)$ 团簇最低能结构的几何结构。其中 Nb_2Ge 团簇有 3 个原子，优化前的规则初始结构考虑了 $C_{\infty v}$ 对称的直线型和 C_{2v} 对称的三角形，自旋多重度考虑 1，3 和 5 这 3 种。每种结构分别考虑了电子自旋多重度的影响。优化结果发现，自旋单重态 C_{2v} 对称的等腰三角形能量最低，优化后仍然是一个等腰三角形（图 3 - 10），它的能量为 - 116. 25Hartree（哈特里，原子单位制中的能量单位），电子态是 $^1A_1$，被选作 Nb_2Ge 团簇的最低能结构。Nb_2Ge_2 团簇为四个原子的混合团簇，最初考虑的 $RuSi_3$ 团簇的规则构型有 $C_{\infty v}$ 对称性为直线型、D_{4h} 对称的正方形以及 T_{3d} 对称的正四面体 3 种基本结构，仍然考虑自旋多重度对结构的影响。结果发现直线型只有三重态是稳定结构，正四面体存在 2 种稳定异构体，即单重态和三重态是稳定结构，正方形优化后每种自旋态都有稳定结构，这些稳定结构中单重态的 T_{3d} 对称正四面体优化后的能量最低，能量为 - 120. 08Hartree，点群对称降为 C_1，电子态为 ^1A，被选作 Nb_2Ge_2 团簇的最低能结构。此结构可以看作是在一个锗原子带帽在 Nb_2Ge 团簇的最低能结构，即 2 个等腰三角形形成的一个二面角（图 3 - 7）。Nb_2Ge_3 是由 5 个原子形成的混合团簇，可构建出 4 种初始规则几何构型分别为 $C_{\infty v}$ 对称的直线型、D_{5h} 对称正五边形、C_{4v} 对称正四棱锥和 D_{3h} 对称三角双锥 4 种，同前所述，考虑自旋多重度的影响。在优化的所有稳定结构中，C_{4v} 对称正四棱锥的优化后能量最低，为 - 123. 89Hartree。可视为 Nb_2Ge_3 团簇的最低能结构，其点群对称性为 C_{2v}，电子态为 $^1A_1$，可看作是三棱双锥（图 3 - 7）。Nb_2Ge_4 团簇初始可能有的规则构型有 $C_{\infty v}$ 对称的直线型、C_{6v} 对称正六角锥、C_{7v} 对称的正七边形、D_3 对称三棱柱锥（三棱柱顶上一个锥形的简称）和 D_{5h} 对称五角双锥 5 种。Nb_2Ge_4 团簇可能的规则初始几何结构有 $C_{\infty v}$ 对称的直线型、D_{3h} 对称的正三棱柱、O_h 对称的正八面体、C_{5v} 对称的正五棱锥和 D_6 对称的正六边形 5 种。优化结果显示，单重态 C_{5v} 对称的正五棱锥优化的能量最低，能量为 - 127. 67Hartree，被选作 Nb_2Ge_3 团簇的最

低能结构，其点群对称降为 C_1，电子态为 $^1A_1$，可看作是四棱双锥（图 3 – 10）。

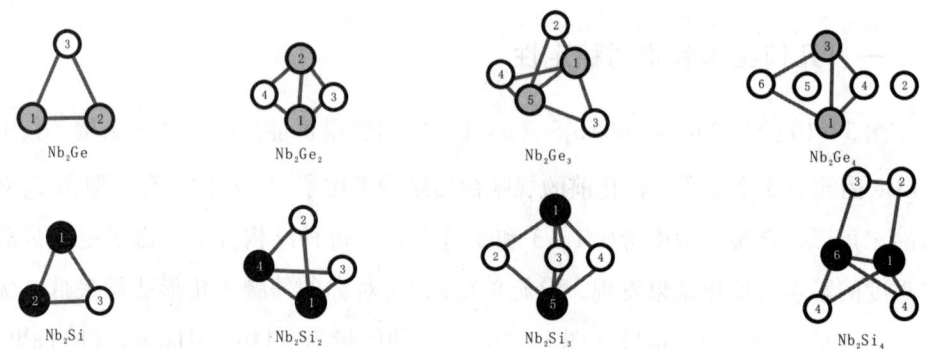

图 3 – 10 Nb_2Ge_n 和 Nb_2Si_n（$n = 1 \sim 4$）团簇最低能结构的几何结构

从图 3 – 10 可以看出，Nb_2Ge_n（$n = 1 \sim 3$）的最低能结构的几何结构基本保持了相应的 Nb_2Si_n 团簇的基本框架。而当 $n = 4$ 时二者相比，Nb_2Ge_4 团簇畸变较大，主要表现在 2 个方面：首先，顶在 2 个铌原子上的锗原子（Ge_2 和 Ge_5）与 Nb_2Si_4 团簇中的 2 个硅原子相比，方向发生了转变；其次，Nb_2Ge_4 团簇中的这 2 个锗原子之间的距离远远大于 Nb_2Si_4 团簇中相应的 2 个硅原子。

按式（3 – 3）和式（3 – 6）计算了 Nb_2Ge_n（$n = 1 \sim 4$）团簇平均束缚能和离解能的公式，计算时用 Nb_2Ge_n 的各种能量代换了相应的 Nb_2Si_n 的能量。计算结果列在表 3 – 11 中。由表 3 – 11 中 Nb_2Ge_n 和 Nb_2Si_n（$n = 1 \sim 4$）团簇的总的结合能可看出，它们总的结合能都随相应的团簇的尺寸增大而减小，平均结合能随着尺寸的增大而增大。但是这 2 个描述团簇的稳定性都不是很可靠，只有离解能最可靠。表 3 – 11 中 Nb_2Ge_2 团簇和 Nb_2Si_3 团簇的离解能分别是相应体系中的最大值，说明二者分别是 Nb_2Ge_n 和 Nb_2Si_n（$n = 1 \sim 4$）团簇中热力学稳定性最强的。Nb_2Ge_4 和 Nb_2Si_4 团簇离解能是最小的，因此热力学稳定性是 Nb_2Ge_n 和 Nb_2Si_n（$n = 1 \sim 4$）团簇中最弱的。

表3-11　Nb_2Ge_n 和 Nb_2Si_n ($n=1\sim4$)团簇最低能结构的多重度、

点群对称、总能量、电子态、平均束缚能和分裂能

团簇	多重度	点群对称	电子态	总能/Hartree	平均能/eV	分裂能(n-1)/eV
Nb_2Ge	1	C_{2v}	$^1A_1$	-116.25	6.53	
Nb_2Ge_2	1	C_1	^1A	-120.08	10.34	3.81
Nb_2Ge_3	1	C_{2v}	$^1A_1$	-123.90	13.87	3.54
Nb_2Ge_4	1	C_1	^1A	-127.67	16.05	2.18
Nb_2Si	1	Cs	$^1A'$	-116.34	2.25	
Nb_2Si_2	3	C_1	^3A	-120.25	2.72	4.12
Nb_2Si_3	1	C_1	^1A	-124.18	3.05	4.38
Nb_2Si_4	1	C_1	^1A	-128.05	3.06	3.09

二、自然布局

表 3-12 中列出了 Nb_2Ge_n ($n=1\sim4$)团簇最低能结构的自然布局和自然电子组态。从计算结果发现，在 Nb_2Ge 和 Nb_2Ge_2 团簇中 2 个 Nb 原子的自然布局为正，表明电子是从 Nb 原子转向 Ge 原子的，Ge 原子在这 2 种团簇中充当受体，从表现的 Nb 原子的电子组态中可知 Nb 原子的 5s 轨道和 4d 轨道转移到锗原子；而在 Nb_2Ge_n ($n=3\sim4$)团簇中 2 个 Nb 原子的自然布局为负，即 2 个 Nb 原子得到了电子，说明 2 个 Nb 原子在团簇中充当电荷的受体，出现了电子反转。而且表 3-11 的自然电子组态可知，电子主要从硅原子转移到 Nb 原子的 4d 轨道，2 个 Nb 原子的 5d 和 6p 轨道上占据的电子总量特别少，说明 Nb 原子的 4d 壳层是电子的受体。另外，研究结果显示，Nb_2Ge_n ($n=1\sim4$)团簇的电荷自然布局与 Nb-Si_n 团簇[25]和 Nb_2Si_n ($n=1\sim6$)团簇[26]的电荷自然布局相同。

从表 3-12 中可知，Nb_2Ge_n ($n=2\sim4$)团簇最低能结构的 2 个铌原子 5s 轨道失去了电荷，4d、5p 轨道得到电荷，说明铌原子内部出现了轨道杂化现象，结论和 Nb_2Si_n ($n=2\sim6$)团簇电荷转移现象相吻合。

表3 – 12　最稳定的 Nb_2Ge_n（$n = 1 \sim 4$）团簇中2个铌原子的自然布局和自然电子组态

团簇	电荷自然布局	电荷	团簇	电荷自然布局	电荷
Nb_2Ge		0.0000	Nb_2Ge_2		
Nb_1	$5s^{0.98}\,4d^{3.94}\,5p^{0.03}$	0.07965	Nb_1	$5s^{0.74}\,4d^{4.19}\,5p^{0.03}\,5d^{0.01}$	0.0599
Nb_2	$5s^{0.98}\,4d^{3.94}\,5p^{0.03}$	0.07965	Nb_2	$5s^{0.74}\,4d^{4.19}\,5p^{0.03}\,5d^{0.01}$	0.0593
Ge	$4s^{1.87}\,4p^{2.29}$	– 0.1593	Ge_1	$4s^{1.81}\,4p^{2.24}\,5p^{0.01}$	– 0.0597
			Ge_2	$4s^{1.81}\,4p^{2.24}\,5p^{0.01}$	– 0.0594
Nb_2Ge_3			Nb_2Ge_4		
Nb_1	$5s^{0.45}\,4d^{4.86}\,5p^{0.03}\,5d^{0.01}$	– 0.3238		$5s^{0.46}\,4d^{4.74}\,5p^{0.03}\,5d^{0.04}$	– 0.2470
Nb_2	$5s^{0.45}\,4d^{4.86}\,5p^{0.03}\,5d^{0.01}$	– 0.3238		$5s^{0.46}\,4d^{4.75}\,5p^{0.03}\,5d^{0.04}$	– 0.2496
Ge_1	$4s^{1.75}\,4p^{2.03}$	0.2158		$4s^{1.82}\,4p^{2.03}\,5p^{0.01}$	0.1407
Ge_2	$4s^{1.75}\,4p^{2.03}$	0.2159		$4s^{1.75}\,4p^{2.13}\,5p^{0.01}$	0.1133
Ge_3	$4s^{1.75}\,4p^{2.03}$	0.2158		$4s^{1.82}\,4p^{2.03}\,5p^{0.01}$	0.1398
				$4s^{1.74}\,4p^{2.15}\,5p^{0.01}$	0.1027

三、HOMO – LUMO 能隙

表3 – 13 中列出了最稳定 Nb_2Ge_n 团簇和 Nb_2Si_n 团簇（$n = 1 \sim 4$）的最高占据分子轨道 HOMO、最低未占据分子 LUMO 轨道能量以及相应的最高占据轨道和最低未占据轨道之间的能量差 E_{gap}（HOMO – LUMO 能隙）。HOMO 和 LUMO 之间的能量差即能隙（E – gap）体现了体系化学稳定性。当体系的 HOMO – LUMO 能隙 E_{gap} 较小时，说明电子更容易从 HOMO 轨道跃迁到 LUMO 轨道，即 HOMO 上的电子易失去，体系具有较强的化学活性；当 E_{gap} 较大时，则被认为化学活性较弱，而且 HOMO – LUMO 能隙 E_{gap} 能说明体系的导电能力。表3 – 13 的数据说明 Nb_2Ge_3 团簇的 HOMO – LUMO 能隙最大，为 2.18eV，说明它是 Nb_2Ge_n（$n = 1 \sim 4$）团簇中化学活性最强的，即化学稳定性最差；Nb_2Ge_4 则相反，由于它的 HOMO – LUMO 能隙最小，因此它的化学稳定性最强。锗和硅同在化学元素周期表同一主族，不同周期，当2个铌原子分别掺杂入纯锗和硅团簇中形成的混合团簇的 HOMO – LUMO 能隙均 <3eV，它们都是半导体。

表3-13 Nb_2Ge_n($n = 1 \sim 4$)团簇最低能的 HOMO—LUMO 能隙、

红外光谱振动最强峰的振动强度和频率

Cluster	HOMO /eV	LUMO /eV	Gap /eV	Gap(Nb_2Si_n) /eV	Intensity /I·a·u	Frequency /cm^{-1}
Nb_2Ge	5.17	3.48	1.69	1.586	4.029	174.638
Nb_2Ge_2	5.03	3.02	2.01	2.712	0.712	111.641
Nb_2Ge_3	5.44	3.26	2.18	2.446	4.795	244.574
Nb_2Ge_4	5.17	3.84	1.33	2.225	5.125	208.682

四、磁性

图 3-11 给出了 Nb_2Ge_n($n = 1 \sim 4$)团簇最低能的总磁矩和各原子的局域磁矩。从图 3-11 中可知,最低能 Nb_2Ge_n($n = 1 \sim 4$)团簇的总磁矩均为零,而且给出各团簇总磁矩为零的原因。Nb_2Ge_n($n = 1 \sim 3$)团簇的各 Ge 原子的局域磁矩相等,方向相同,2 个 Nb 原子亦是如此。Ge 原子和 2 个 Nb 原子对总磁矩的贡献大小相等,方向相反,团簇的总磁矩为零。Nb_2Ge_4 团簇的总磁矩虽然也为零,但从图 3-11 中可看出,2 个 Nb 原子的局域磁矩几乎相等。而 Ge 原子的局域磁矩有差异. 但是 Ge 原子和 2 个 Nb 原子对总磁矩的贡献大小相等,方向相反,总磁矩也为零。

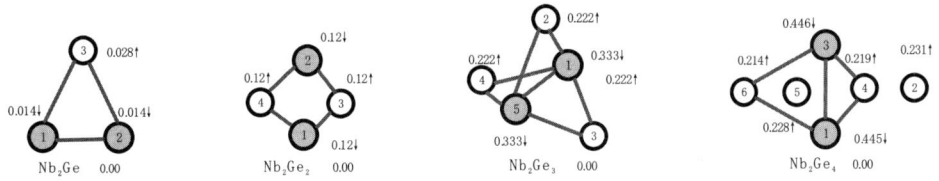

图3-11 Nb_2Ge_n($n = 1 \sim 4$)团簇最低能结构的总磁矩和各原子的局域磁矩(单位:μB)

五、极化率

运用密度泛函方法在 (U) B3LYP/LanL2DZ 水平上研究了 Nb_2Ge_n($n = 1 \sim 4$)

团簇最低能结构的极化率。极化率($<\alpha>$)是根据式（3-9）计算的，极化率各向异性（$|\Delta\alpha|$）是按照式（3-10）计算的。计算得到的极化率张量（α_{ij}），极化率（$<\alpha>$），极化率各向异性（$|\Delta\alpha|$）列在表3-14中。

由表3-14的计算结果可知，$Nb_2Ge_n(n=1\sim4)$团簇最低能结构的极化率张量随团簇的尺寸而增大，即极化率受团簇的大小影响很大，大尺寸团簇较小尺寸的更容易被较强的外场所破坏。另外，受原子间相互作用的影响，也导致整个团簇对外场的响应逐渐增加，非线性光学反应强，更容易被外加场极化很容易被极化，因而使得非线性光学效应显现。究其原因，是由于原子间的化学键逐渐减弱，电子定域性减少，离域性增加导致的。同时还可知，Nb_2Ge_3团簇最低能结构的极化各向异性不变量是最大的，说明该团簇对外场的各向异性响应较强，$Nb_2Si_6{}^+$团簇的极化各向异性不变量最小，即它对外场的各向异性响应较弱，这个结果与Nb_2Si_n（$n=1\sim4$）团簇一致（表3-8）。

表3-14　$Nb_2Ge_n(n=1\sim4)$团簇最低能结构的极化率和极化率张量(α_{ij})，

极化率($<\alpha>$)，极化率各向异性($|\Delta\alpha|$)

团簇	α_{xx}	α_{xy}	α_{yy}	α_{xz}	α_{zz}	α_{yz}	$<\alpha>$	$|\Delta\alpha|$
Nb_2Ge	-58.979	0.0000	-54.122	0.0000	-63.903	0.0000	-59.001	8.471
Nb_2Ge_2	-73.227	0.0003	-75.026	-0.0159	-64.580	-0.2150	-70.944	9.680
Nb_2Ge_3	-89.364	0.0000	-68.315	0.0000	-89.365	0.0000	-82.348	21.050
Nb_2Ge_4	-110.866	0.0165	-98.898	-0.0165	-89.432	0.0370	-99.732	18.605

第四节　$RuSi_n^{\pm}(n=1\sim6)$
团簇的密度泛函理论研究

Ru 原子处在元素周期表的 VIII 族，第五周期，它的最外层电子排布是 $4d^7 5s^1$，而与它同一主族上一周期是铁，其最外层电子排布是 $3d^6 4s^2$，而下一周期是锇，其最外层排布为 $5^6 6s^2$。考虑到钌的特殊的最外层电子排布，许多人都以钌为研究对象进行研究。例如，涂学炎[113]应用密度泛函研究了 $Ru_n(n=2\sim7)$ 金属团簇与氧作用的几何结构与电子结构及吸附能之间的关系，他们发现对氧原子及氧分子在 Ru_n 金属团簇上的吸附研究表明电荷主要是从 Ru 的 5s、4d 轨道向 O 的 2p 轨道迁移，并使得金属 – 金属之间的键减弱。葛桂贤等人[114]采用密度泛函理论中的广义梯度近似（GGA）对 Ru_nAu 和 Ru_n 团簇的几何构型进行优化，并对能量、频率、电子性质和磁性进行了计算，结果表明 Ru_nAu 团簇的最低能结构可通过 Au 原子代替 Ru_{n+1} 团簇中的 Ru 原子生长而成，除了局域的结构畸变，Ru_nAu 和 Ru_{n+1} 团簇具有相似的几何结构，并且 Au 原子掺杂提高了 Ru_nAu 团簇的磁矩。夏飞[115]等人利用密度泛函方法计算了 Ru_2 的部分低能电子组态，得到 Ru_2 基态的电子谱项为 $7\Delta u$，平衡核间距和离解能，同时计算了具有 C_{2v} 对称性簇 Ru_2N_2 簇中氮的活化情况，得出氮氮键的活化程度由 Ru_2 对氮起反馈作用的轨道数目决定。王本龙[116]研究了三金属 $Ru_{13}@Pt_{42-n}Mo$（$n=0\sim18$）纳米团簇的结构、电子性质及其对氧气与一氧化碳的催化性能。我们也选择它作为研究对象，将其掺杂在硅团簇中，并考虑了中性的、阳离子和阴离子团簇。计算沿用前面所用的方法，先优化 $RuSi_n(n=1\sim6)$ 团簇。因为不一定能将这些团簇的所有结构都考虑到，因此唯一的办法就是尽可能找出它们可能的规则结构，并考虑电子自旋的影响，对这些规则结构进行优化，并以频率有没有负频为判断标准判断是否为稳定结构，在稳定的结构中找出它们的最低能结构，然后分析它们的稳定性和电子性质。而对于阴离子团簇的阳离子团簇的结构，就是在 $RuSi_n (n = 1 \sim 6)$ 团的最低能结构上分别带上 1 个单位的正电荷和 1 个单位的负电荷后进行优化，优化时考虑自旋多重度的影响，并用频率分析和能量分析鉴别最低能结构。稳定性则是由 $RuSi_n^{\pm} (n = 1 \sim 6)$ 团簇最低能结构的每个原子的平均结合能 (E_b) 和离解能 $[D(n, n-1)]$，它们的计算方法如公式（3-1）到（3-6），只不过这些公式中 Nb_2Si_n 团簇的各能量用 $RuSi_n$ 对应的能量来替换。

一、几何结构和相对稳定性

图 3-12 给出了 $RuSi_n^{0, \pm} (n = 1 \sim 6)$）团簇的最低能的几何构型。表 3-15 列出了 $RuSi_n^{0, \pm} (n = 1 \sim 6)$ 团簇的点群对称性、电子态、总键能和 Ru-Si 键长最大值 (R)。

$RuSi^{0, \pm}$ 团簇：RuSi 的规则结构只有 1 种，即直线型的，因此结合文献假定 Ru-Si 的键长，考虑电子自旋多重度的影响，用 Gaussian 软件进行优化。优化结果显示 3 种电子自旋状态下的结构都是稳定结构，其中自旋单重态的总能量为 -97.638Hartree，电子自旋三重态的总能量为 -97.671Hartree，而电子自旋五重态的能量为 -97.632Hartree。按照能量最低原理，电子自旋三重态的能量最低，因此它被选作最低能结构。Ru-Si 之间的最大键长为 2.16Å，此键长明显大于 Si-Si 的键长（1.76Å）。为了得到 RuSi 的阳离子和阴离子团簇，分别给 RuSi 团簇的最低能结构带上 1 个单位的正、负电荷，在（U）B3LYP/LanL3DZ 水平分别优化了自旋二、四、六重态的 $RuSi_1^{\pm}$ 团簇。优化结果表明，自旋四重态的 $RuSi_1^{+}$ 和二重态 $RuSi_1^{-}$ 团簇的能量最低，因此自旋四重态的 $RuSi^{+}$ 和自旋二重态的 $RuSi^{-}$ 团簇分别被选作最低能结构，它们的点群对称均为 Cv。从图 3-12 可看出，$RuSi^{\pm}$ 团簇中 Ru-Si 键长发生了改变（见表 3-15）。$RuSi^{+}$ 团簇和 $RuSi^{-}$ 团簇的 Ru-Si 键长分别为 2.21Å 和 2.19Å。由表 3.13 可知，$RuSi_1^{0, \pm}$ 团簇的平均结合能分别为 1.78eV、1.63eV 和 2.18eV。由此可知，断开 Ru-Si 需要 2.18eV 的能量，因此 $RuSi_1^{-}$ 团簇的热力学稳定性是 $RuSi_1^{0, \pm}$ 团簇中最强的。

$RuSi_2^{0,\pm}$ 团簇：$RuSi_2$ 团簇的初始规则只有 2 种，即 $C_{\infty v}$ 对称的直线性和 D_{3h} 对称的正三角形，考虑电子自旋多重度的影响，对之进行结构优化。团簇的优化结果可知，自旋单重态、C_{2v} 对称的三角形结构是能量最低的结构，呈三角形，是一个 Ru 原子替代了 Si_3[41] 中的一个 Si 原子而成的，因此被选作是 $RuSi_2$ 团簇的最低能结构，它的电子态为 $^1A_1$。给 $RuSi_2$ 团簇的最低能结构分别带上 1 个单位的正负电荷，考虑电子自旋进行优化，优化结果显示自旋二重态的 $RuSi_2^+$ 团簇和自旋四重态的 $RuSi_2^-$ 团簇分别是 $RuSi_2^+$ 团簇和 $RuSi_2^-$ 团簇的最低能结构，它们都保留了中性的 $RuSi_2$ 团簇的几何构型，只是 Ru－Si 键长发生了改变（表 3－15）。$RuSi_2$、$RuSi_2^+$ 和 $RuSi_2^-$ 团簇中 Ru－Si 的键长分别为 2.19Å、2.21Å 和 2.22Å，平均结合能随着 Ru－Si 键长的增加而增大。说明增加电荷会影响 Ru－Si 之间的相互作用。但是平均结合能描述团簇稳定性时不可靠，计算了它们的分裂能。由计算的结果可以看出，$RuSi_2^-$ 团簇是 $RuSi_2^{0,\pm}$ 团簇最低能结构中热力学稳定性最强的。

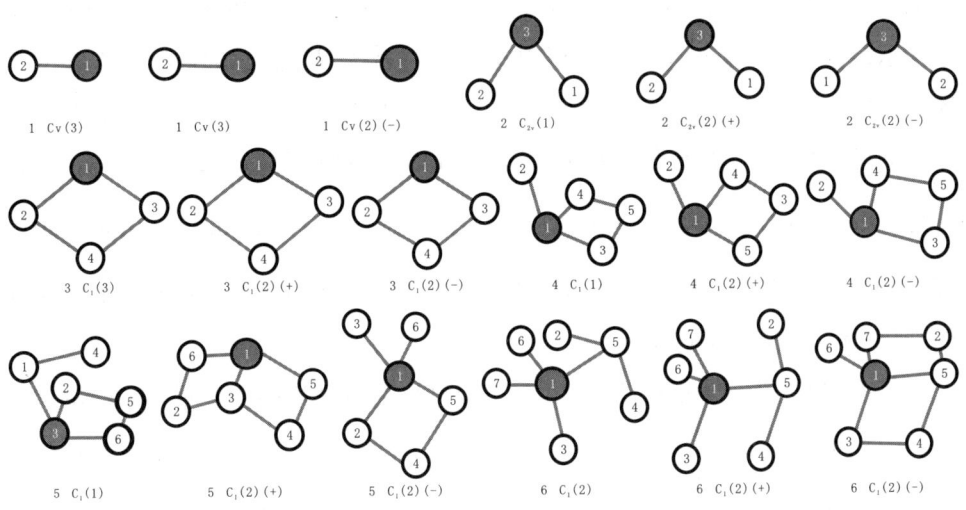

图3－12　$RuSi_n^{\pm,0}$（$n=1\sim6$）团簇的最低能的几何构型

（说明：其中灰色为钌（Ru）原子，白色为硅原子。各结构图命名格式为硅原子数目 + 对称性 + 多重度 + 带电荷情况，其中"（＋）"表示阳离子，"（－）"表示阴离子，没有标注 ＋、－的为中性团簇。）

由图 3－12 可知，优化后 $RuSi_3^{0,\pm}$ 团簇最低能的几何构型都是四边形，是一

个硅原子戴帽在 $RuSi_2$ 团簇的 Ru 原子的对面形成的，$RuSi_3{}^\pm$ 团簇 Ru – Si 的键长相同，都是 2.64Å，比 $RuSi_3$ 团簇的 Ru – Si 键长（2.32Å）稍微长（表 3 – 15）。有趣的是 3 个结构的点群对称同为 C_1，自旋多重态同为二重态。$RuSi_3{}^\pm$ 团簇电子态也相同，都是 ^2A 态。分别优化二、四和六重态的 $RuSi_4{}^\pm$ 团簇，结果发现，最低能的二重态的 $RuSi_4{}^+$ 团簇和 $RuSi_4{}^-$ 团簇保持了 $RuSi_4$ 团簇的几何构型，即一个硅原子戴帽在 $RuSi_3$ 团簇的 Ru 原子上形成的锄头状结构。点群对称同为 C_1 对称，电子态同为 ^2A 态。考虑自旋多重度的条件下，给 $RuSi_5$ 团簇分别带 1 个正电荷和 1 个负电荷进行优化。结果显示，二重态的 $RuSi_5{}^\pm$ 团簇的能量最低，被选作最低能结构，二者的几何构型与中性的 $RuSi_5$ 团簇相比，畸变比较明显。单重态的 $RuSi_5$ 团簇最低能结构是 1 个硅原子悬挂在 $RuSi_4$ 团簇上所形成的扭曲的 V 形结构，$RuSi_5{}^+$ 团簇则是由 2 个稍微规则的四边形构成的 V 形，$RuSi_5{}^-$ 团簇是 1 个硅原子戴帽在 $RuSi_4$ 团簇的 Ru 原子上，形成 1 个靠背椅形结构。$RuSi_5{}^\pm$ 团簇最低能结构的电子态与点群对称相同，分别为 ^2A 和 C_1 对称。$RuSi_6{}^\pm$ 团簇的优化结果显示，自旋二重态的 $RuSi_6{}^+$ 团簇和 $RuSi_6{}^-$ 团簇能量最低，因此被选作 $RuSi_6{}^\pm$ 团簇的最低能结构，二者基本保持了 $RuSi_6$ 团簇的构型，是 1 个硅原子戴帽在 V 形的 $RuSi_5$ 团簇上所形成的小乌龟状结构，Ru – Si 键长发生了变化。由表 3 – 15 可见，$RuSi_6{}^+$ 团簇中的 Ru – Si 键长顺序为 $RuSi_6{}^+$ 团簇（2.78Å）＞ $RuSi_6$ 团簇（2.70Å）＞ $RuSi_6{}^-$ 团簇（2.65Å）。$RuSi_6{}^\pm$ 团簇最低能的点群对称都是低对称性的 C_1 对称，电子态也同为 ^2A。

图 3 – 13 给出了 $RuSi_n{}^{0,\pm}$（$n = 1 \sim 6$）团簇最低能结构的原子平均结合能。由图 3 – 13 可知，$RuSi_n{}^{0,\pm}$（$n = 1 \sim 6$）团簇的原子平均结合能基本上随着团簇中硅原子数目的增大而增大，有趣的是，$RuSi_n{}^-$（$n = 1 \sim 6$）团簇的变化规律基本与 $RuSi_n$（$n = 1 \sim 6$）团簇一致。在 $RuSi_n{}^\pm$（$n = 1 \sim 6$）团簇中，当 $n = 6$ 时，原子平均结合能最大，说明 $RuSi_6{}^+$ 团簇和 $RuSi_6{}^-$ 团簇分别是 $RuSi_n{}^+$ 和 $RuSi_n{}^-$（$n = 1 \sim 6$）团簇中热力学稳定性最强的团簇。图 3 – 14 显示的 $RuSi_n{}^{0,\pm}$（$n = 1 \sim 6$）团簇最低能结构的分裂能。由图 3 – 14 可知，最低能 $RuSi_n{}^{+/-}$（$n = 1 \sim 6$）团簇的分裂能均出现奇偶振荡效应，但是二者的振荡反相。$RuSi_n{}^+$ 和 $RuSi_n{}^-$（$n = 1 \sim 6$）团簇分裂

表 3-15 $RuSi_n^{0,\pm}$（$n=1\sim6$）团簇的最低能的自旋多重度、点群对称、电子态、总能量和 Ru-Si 键长最大值

团簇	中性						阳离子						阴离子					
	自旋多重度	对称性	电子态	E_t	E_b	R	自旋多重度	对称性	电子态	E_t	E_b	R	自旋多重度	对称性	电子态	E_t	E_b	R
RuSi	3	C_v		97.67	1.78	2.16	4	C_v	4SG	97.39	1.63	2.21	2	C_v		97.71	2.18	2.19
RuSi$_2$	1	C_{2v}	$^1A_1$	101.55	2.29	2.19	2	C_{2v}	$^2A_1$	101.30	2.45	2.21	4	C_{2v}	$^4A_2$	101.59	2.54	2.22
RuSi$_3$	3	C_1	^3A	105.45	2.62	2.32	2	C_1	^2A	105.16	2.53	2.64	2	C_1	^2A	105.52	3.06	2.64
RuSi$_4$	1	C_1	^1A	109.33	2.78	2.18	2	C_1	^2A	109.06	2.79	2.70	2	C_1	^2A	109.40	3.10	2.62
RuSi$_5$	1	C_1	^1A	113.20	2.79	2.29	2	C_1	^2A	112.93	2.82	2.71	2	C_1	^2A	113.30	3.22	2.76
RuSi$_6$	1	C_1	^1A	117.09	2.91	2.70	2	C_1	^2A	116.82	2.92	2.78	2	C_1	^2A	117.18	3.23	2.65

能曲线中分别是当 $n=2$ 和 $n=3$ 时分裂能最大，说明 $RuSi_2^+$ 和 $RuSi_3^-$ 分别是 $RuSi_n^+(n=1\sim6)$ 和 $RuSi_n^-(n=1\sim6)$ 团簇的热力学稳定性最强的团簇，与原子平均结合能得出的结论不相符，但这种现象与 Han[6,65] 给出的原子平均结合能表征团簇相对稳定性时并不可靠的结论相符。

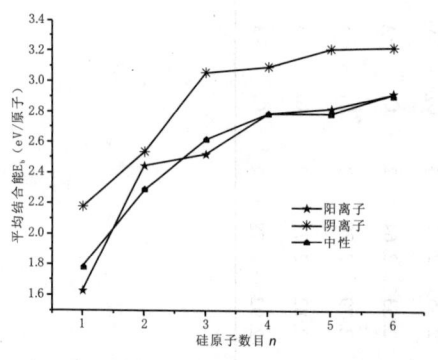

图3-13　$RuSi_{n\pm,0}(n=1\sim6)$团簇的原子平均结合能 E_b 随团簇大小变化的曲线

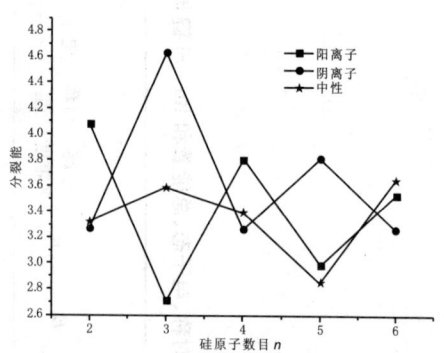

图3-14　$RuSi_n^{\pm,0}(n=1\sim6)$团簇的分裂能随团簇大小变化的曲线

二、电荷布局分析

表3-16 给出 $RuSi_n^{0,\pm}(n=1\sim6)$团簇最低能结构的电荷以及 Ru、Si 原子的电荷自然布局、自然电子构型。从表3-16 中可知，$RuSi_n^{0,\pm}(n=1\sim6)$（不包含 $RuSi^+$ 团簇）最低能结构中 Ru 原子的电荷值均是负的，说明它带的是负电，从其自然电子组态可知 Ru 电子各个轨道电荷得失不同。总体来看，5s 轨道失去电子，4d 轨道和 5p 及以后的轨道都是得到电子，且得到的电子多于失去的电子。因此可以知道，电荷是从 Si 原子转移到 Ru 原子上的。换句话说，Ru 是电荷的受体，Si 是电荷的施体。也说明 Ru 原子的 5s 轨道和 4d 轨道杂化。一般电荷转移的规律是电子从金属原子转移到非金属原子，即非金属原子是电子的受体，因此可知 $RuSi_n^{0,\pm}(n=1\sim6)$团簇最低能结构中除过 $RuSi^+$ 团簇外，其余团簇的电荷转移出现了反转。$RuSi_n^{0,\pm}(n=1\sim6)$（不包含 $RuSi^+$ 团簇）最低能结构中 Ru 原子转移电荷平均值分别为 1.07e、0.497e 和 1.574e。转移电荷的数量

反映出带电团簇和中性团簇电荷转移的能力不同，也就是说电荷对团簇中原子的电荷转移影响比较大。RuSi$^+$ 团簇是由于失去 1 个电子形成的，从 Ru 原子和 Si 原子的自然电子组态明显可知，Si 原子失去的电荷大于 Ru 原子的。

表3-16 RuSi$_n^{0,\pm}$ ($n = 1 \sim 6$)团簇最低能结构的自然电子组态和自然电荷

（单位：原子单位）

团簇	电荷自然布局	电荷	团簇	电荷自然布局	电荷
RuSi$^+$	RuSi				
Ru	$5s^{0.54} 4d^{7.12} 5p^{0.04} 5d^{0.01}$	0.298	Ru	$5s^{0.68} 4d^{7.59} 5p^{0.01}$	−0.271
Si	$3s^{1.93} 3p^{1.36} 4p^{0.01}$	0.702	Si	$3s^{1.92} 3p^{1.80}$	0.271
RuSi$^-$			RuSi$_2^+$		
Ru	$5s^{1.40} 4d^{7.40} 5p^{0.14} 6S^{0.01}$	−0.949	Ru	$5s^{0.49} 4d^{7.95} 5p^{0.17}$	−0.600
Si	$3s^{1.83} 3p^{2.22}$	−0.051	Si$_1$	$3s^{1.88} 3p^{1.32}$	0.800
Si$_2$	$3s^{1.88} 3p^{1.32}$	0.800			
RuSi$_2$			RuSi$_2^-$		
Ru	$5s^{0.71} 4d^{7.99} 5p^{0.02} 6S^{0.01} 5d^{0.01}$	−0.356	Ru	$5s^{0.59} 4d^{7.89} 5p^{0.65} 6p^{0.01}$	−1.116
Si$_1$	$3s^{1.85} 3p^{1.78} 4p^{0.01}$	0.178	Si$_1$	$3s^{1.77} 3p^{2.16}$	0.058
Si$_2$	$3s^{1.85} 3p^{1.78} 4p^{0.01}$	0.178	Si$_2$	$3s^{1.77} 3p^{2.16}$	0.058
RuSi$_3^+$			RuSi$_3$		
Ru	$5s^{0.34} 4d^{7.77} 5p^{0.24} 5d^{0.01} 6p^{0.01}$	−0.347	Ru	$5s^{0.33} 4d^{7.69} 5p^{0.04} 5d^{0.01}$	−0.061
Si	$3s^{1.83} p^{1.62} 4p^{0.01}$	0.571	Si$_1$	$3s^{1.79} 3p^{2.08} 4p^{0.01}$	0.121
Si	$3s^{1.80} 3p^{1.62} 4p^{0.01}$	0.571	Si$_2$	$3s^{1.79} 3p^{2.08} 4p^{0.01}$	0.121
Si	$3s^{1.73} 3p^{2.06} 4p^{0.01}$	0.204	Si$_3$	$3s^{1.62} 3p^{2.54} 4p^{0.01}$	−0.181
RuSi$_3^-$			RuSi$_4^+$		
Ru	$5s^{0.43} 4d^{7.92} 5p^{0.39} 6S^{0.01} 5d^{0.01} 6p^{0.01}$	−0.738	Ru	$5s^{0.45} 4d^{8.28} 5p^{0.59} 5d^{0.01} 6p^{0.01}$	−1.314
Si$_1$	$3s^{1.66} 3p^{2.31} 4p^{0.01}$	0.017	Si$_1$	$3s^{1.79} 3p^{1.21} 4p^{0.01}$	0.998
Si$_2$	$3s^{1.66} 3p^{2.31} 4p^{0.01}$	0.017	Si$_2$	$3s^{1.72} 3p^{1.69} 4p^{0.01}$	0.580
Si$_3$	$3s^{1.55} 3p^{2.73} 4p^{0.01}$	−0.296	Si$_3$	$3s^{1.72} 3p^{1.69} 4p^{0.01}$	0.580
			Si$_4$	$3s^{1.67} 3p^{2.16} 4p^{0.01}$	0.161

表 3 – 16（续）

团簇	电荷自然布局	电荷	团簇	电荷自然布局	电荷
$RuSi_4$			$RuSi_4^-$		
Ru	$5s^{0.40}\,4d^{8.25}\,5p^{0.05}\,5d^{0.01}\,6p^{0.01}$	– 0.683	Ru	$5s^{0.41}\,4d^{8.24}\,5p^{0.80}\,5d^{0.01}\,6p^{0.02}$	– 1.451
Si_1	$3s^{1.88}\,3p^{1.54}$	0.568	Si_1	$3s^{1.73}\,3p^{1.92}$	0.352
Si_2	$3s^{1.76}\,3p^{2.10}\,4p^{0.01}$	0.139	Si_2	$3s^{1.64}\,3p^{2.19}\,4p^{0.01}$	0.168
Si_3	$3s^{1.75}\,3p^{2.06}$	0.139	Si_3	$3s^{1.64}\,3p^{2.19}\,4p^{0.01}$	0.168
Si_4	$3s^{1.75}\,3p^{2.06}$	– 0.162	Si_4	$3s^{1.54}\,3p^{2.68}\,4p^{0.01}$	– 0.235
$RuSi_5^+$	$RuSi_5$		Ru	$5s^{0.27}\,4d^{8.11}\,5p^{0.06}\,5d^{0.01}$	– 0.440
Ru	$5s^{0.35}\,4d^{8.28}\,5p^{0.69}\,5d^{0.01}\,6p^{0.01}$	– 1.300	Ru	$5s^{0.27}\,4d^{8.11}\,5p^{0.06}\,5d^{0.01}$	– 0.440
Si_1	$3s^{1.67}\,3p^{2.02}\,4p^{0.01}$	0.298	Si_1	$3s^{1.71}\,3p^{2.11}\,4p^{0.01}$	0.174
Si_2	$3s^{1.57}\,3p^{2.12}\,4p^{0.01}$	0.301	Si_2	$3s^{1.68}\,3p^{2.23}\,4p^{0.01}$	0.076
Si_3	$3s^{1.67}\,3p^{2.02}\,4p^{0.01}$	0.297	Si_3	$3s^{1.69}\,3p^{2.34}\,4p^{0.01}$	– 0.040
Si_4	$3s^{1.68}\,3p^{1.61}\,4p^{0.01}$	0.702	Si_4	$3s^{1.62}\,3p^{2.44}\,4p^{0.01}$	– 0.071
Si_5	$3s^{1.68}\,3p^{1.61}\,4p^{0.01}$	0.702	Si_5	$3s^{1.76}\,3p^{1.93}\,4p^{0.01}$	0.302
$RuSi_5^-$	$RuSi_6^+$				
Ru	$5s^{0.58}\,4d^{8.51}\,5p^{1.46}\,5d^{0.01}\,6p^{0.01}$	– 2.553	Ru	$5s^{0.53}\,4d^{8.69}\,5p^{1.64}\,5d^{0.01}$	– 2.861
Si_1	$3s^{1.57}\,3p^{2.06}\,4p^{0.01}$	0.362	Si_1	$3s^{1.72}\,3p^{1.88}\,4p^{0.01}$	0.386
Si_2	$3s^{1.66}\,3p^{1.82}$	0.509	Si_2	$3s^{1.67}\,3p^{1.55}\,4p^{0.01}$	0.767
Si_3	$3s^{1.62}\,3p^{2.56}\,4p^{0.01}$	– 0.189	Si	$3s^{1.63}\,3p^{1.92}\,4p^{0.01}$	0.4397
Si_4	$3s^{1.56}\,3p^{2.07}\,4p^{0.01}$	0.361	Si	$3s^{1.44}\,3p^{2.22}\,4p^{0.01}$	0.3257
Si_5	$3s^{1.66}\,3p^{1.82}$	0.510	Si	$3s^{1.71}\,3p^{1.18}\,4s^{0.01}$	1.098
			Si	$3s^{1.60}\,3p^{1.55}\,4p^{0.01}$	0.846
$RuSi_6$			$RuSi_6^-$		
Ru	$5s^{0.53}\,4d^{8.57}\,5p^{0.06}\,5d^{0.02}$	– 1.171	Ru	$5s^{0.51}\,4d^{8.55}\,5p^{1.59}\,6s^{0.01}\,5d^{0.01}\,6p^{0.01}$	– 2.656
Si_1	$3s^{1.71}\,3p^{2.19}\,4p^{0.01}$	0.086	Si_1	$3s^{1.62}\,3p^{2.29}\,4p^{0.01}$	0.079
Si_2	$3s^{1.76}\,3p^{2.00}\,4p^{0.01}$	0.233	Si_2	$3s^{1.60}\,3p^{2.02}\,4p^{0.01}$	0.370
Si_3	$3s^{1.71}\,3p^{2.19}\,4p^{0.01}$	0.086	Si_3	$3s^{1.62}\,3p^{2.29}\,4p^{0.01}$	0.079
Si_4	$3s^{1.57}\,3p^{2.41}\,4p^{0.01}$	0.006	Si_4	$3s^{1.50}\,3p^{2.38}\,4p^{0.01}$	0.118
Si_5	$3s^{1.86}\,3p^{1.61}$	0.526	Si_5	$3s^{1.65}\,3p^{1.70}$	0.640
Si_6	$3s^{1.76}\,3p^{2.00}\,4p^{0.01}$	0.233	Si_6	$3s^{1.60}\,3p^{2.02}\,4p^{0.01}$	0.370

三、HOMO – LUMO 能隙

体系的前线分子的最高占据轨道（HOMO）和最低未占据轨道之间（LU-MO）的能量差即 HOMO – LUMO 能隙（HOMO – LUMO$_{gap}$）反映出体系的化学稳定性，当 HOMO – LUMO 能隙较小时，说明电子更容易从 HOMO 跃迁到 LUMO 轨道，即 HOMO 上的电子易失去，体系具有较强的化学活性。反之，化学活性较弱。当 $E_{gap} > 3$ 时团簇呈绝缘体性质，$1.5 < E_{gap} < 3$ 时团簇呈半导体性质，$E_{gap} < 1.5$ 时呈导体性质。表 3 – 12 给出了 RuSi$_n^{0, \pm}$（$n = 1 \sim 6$）团簇的 HOMO、LUMO 和 HOMO – LUMO 能隙。由表 3 – 12 可知，RuSi$_n^{0, \pm}$（$n = 1 \sim 6$）的 HOMO 和 LUMO 的能量均为负值，符合常态；RuSi$_n^-$（$n = 1 \sim 6$）团簇的 LUMO 为正值，不符合常态，说明 RuSi$_n^-$（$n = 1 \sim 6$）团簇的最低未占据轨道接纳不了电子，对电子没有亲和力。对于 RuSi$_n^+$（$n = 1 \sim 6$）团簇来说，HOMO – LUMO 能隙呈现奇偶振荡效应。RuSi$^+$ 团簇的 HOMO – LUMO 能隙最大，因此它的化学稳定性最强；而 RuSi$_5^+$ 团簇的能隙最小，因此它的化学活性最弱，而 RuSi$_n$（$n = 1 \sim 6$）团簇中化学稳定性最强和最弱的分别为 RuSi 和 RuSi$_4$ 团簇。RuSi$_n^{0, \pm}$（$n = 1 \sim 6$）团簇的 HOMO – LU-MO 能隙处在 1.77 ~ 2.91 eV 之间，属于半导体性（1.5 ~ 3.0 eV），反映出各团簇导电能力的强弱，RuSi$^+$ 团簇最弱，RuSi$_5^+$ 最强。

表 3 – 17　RuSi$_n^{0, \pm}$（$n = 1 \sim 6$）团簇最低能结构的 HOMO、LUMO 和 HOMO – LUMO 能隙

团簇	阳离子			阴离子			中性		
	HOMO	LUMO	gap	HOMO	LUMO	gap	HOMO	LUMO	gap
RuSi	− 11.78	− 8.87	2.91	0.38	2.58	2.2	− 5.12	− 2.47	2.66
RuSi$_2$	− 11.18	− 8.63	2.55	0.27	1.66	1.39	− 5.05	− 3.17	1.88
RuSi$_3$	− 11.46	− 9.47	1.99	− 0.65	1.39	2.04	− 5.83	− 3.23	2.60
RuSi$_4$	− 10.56	− 8.35	2.21	− 0.30	0.82	1.12	− 5.58	− 3.64	1.94
RuSi$_5$	− 10.29	− 8.52	1.77	− 1.28	1.06	2.34	− 5.72	− 3.63	2.09
RuSi$_6$	− 10.18	− 7.95	2.23	− 1.14	0.27	1.41	− 5.90	− 3.81	2.09

四、极化率和偶极矩

极化率是描述光与物质非线性作用的基本物理量，表征体系对外电场的响应，也可用来表征物质非线性的光学特性，可反映分子间相互作用的强弱。极化率张量的平均值（$<\alpha>$）、平均线性极化率（$<\bar{\alpha}>$）和极化率的各向异性不变量（$\Delta\alpha$）的定义分别如下：

$$<\alpha> = \frac{1}{3}(\alpha_{xx} + \alpha_{yy} + \alpha_{zz})$$

$$\Delta\alpha = \left[\frac{(\alpha_{xx} - \alpha_{yy})^2 + (\alpha_{yy} - \alpha_{zz})^2 + (\alpha_{zz} - \alpha_{xx})^2 + 6(\alpha_{xy}^2 + \alpha_{yz}^2 + \alpha_{zx}^2)}{2} \right]^{\frac{1}{2}}$$

表 3 – 18 给出了 $RuSi_n^{0,\pm}$（$n=1\sim6$）（$n=1\sim6$）团簇的四极矩（$\alpha_{ij}(i,j=x,y,z)$）、极化率张量的平均值（$<\alpha>$），平均线性极化率（$<\alpha>$）、极化率的各向异性不变量（$\Delta\alpha$）和偶极矩。图 3 – 15 给出 $RuSi_n^{0,\pm}$（$n=1\sim6$）团簇的极化率张量平均值随 Si 原子数目 n 的变化规律。由图 3 – 15 可知，$RuSi_n^{0,\pm}$（$n=1\sim6$）团簇的极化率张量都随 Si 原子数的增大而减小，且变化规律相同，意味着 $RuSi_n^{0,\pm}$（$n=1\sim6$）

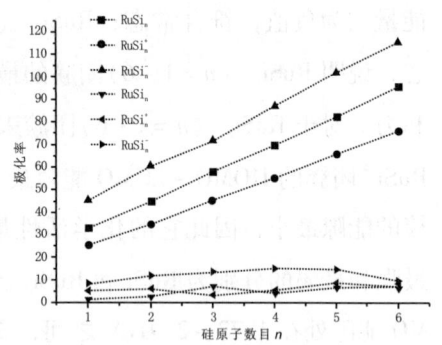

图 3 – 15 $RuSi_n^{\pm,0}$（$n=1\sim6$）团簇的极化率张量平均值（$<\alpha>$）和各向异性不变量（$\Delta\alpha$）随 Si 原子数目 n 变化的规律

团簇原子间的成键相互作用随 n 的增大而减弱。相同原子数目的 $RuSi_n^{\pm,0}$（$n=1\sim6$）团簇的极化率张量的增量几乎相同，且大小顺序为 $RuSi_n^-$ < $RuSi_n$ < $RuSi_n^+$，说明 $RuSi_n^+$（$n=1\sim6$）团簇原子间的作用强于 $RuSi_n^{-,0}$（$n=1\sim6$）团簇，即 $RuSi_n^+$（$n=1\sim6$）团簇结构较其他 2 类团簇更紧凑，且说明电荷的正负对团簇原子间的成键作用几乎是按相同比例减小的。$RuSi_n^{0,\pm}$（$n=1\sim6$）团簇的平均线性张量随 n 的增大而减小，说明 $RuSi_n^{0,\pm}$（$n=1\sim6$）团簇的结构随 n 的增大而更紧凑。$RuSi_n^{0,\pm}$（$n=1\sim6$）团簇的极化率的各向异性不变量（$\Delta\alpha$）随 Si 原子数目的

变化规律也基本相同。只是当 $n=3$ 和 4 时，$RuSi_n^{0,\pm}$（$n=1\sim6$）团簇极化率的各向异性不变量（$\Delta\alpha$）稍微发生一点变化，但具体原因尚不清楚。表 3-18 中 $RuSi_n^{0,\pm}$（$n=1\sim6$）团簇的偶极矩不为零，说明它们的正、负电荷中心不重合，它们的结构是极性的。

表3-18 $RuSi_n^{0,\pm}$（$n=1\sim6$）团簇的四极矩（$\alpha_{ij}(i,j=x,y,z)$）、

极化率张量的平均值（$<\alpha>$），平均线性极化率（$<\bar{\alpha}>$）、

极化率的各向异性不变量（$\Delta\alpha$）和偶极矩

电荷量	团簇	α_{xx}	α_{yy}	α_{zz}	α_{xy}	α_{xz}	α_{yz}	$<\alpha>$	$<\bar{\alpha}>$	$\Delta\alpha$	偶极矩
阳离子	$RuSi^+$	-27.225	-27.225	-21.774	0	0	0	-25.41	-12.71	5.45	0.83
	$RuSi_2^+$	-38.673	-31.440	-33.519	0	0	0	-34.54	-11.51	6.45	0.93
	$RuSi_3^+$	-44.432	-44.126	-47.960	0.000	0	0	-45.51	-11.38	3.69	0.35
	$RuSi_4^+$	-52.412	-56.730	-57.194	0.003	-1.839	-0.002	-55.45	-11.09	5.57	1.43
	$RuSi_5^+$	-60.372	-66.347	-70.553	0.000	0.000	-0.414	-65.76	-10.96	8.89	0.54
	$RuSi_6^+$	-72.663	-76.155	-79.174	1.695	1.945	-1.263	-76.00	-10.86	7.52	1.28
阴离子	$RuSi^-$	-42.692	-42.692	-51.131	0	0	0	-45.51	-22.76	8.44	1.13
	$RuSi_2^-$	-56.168	-68.614	-57.121	0	0	0	-60.63	-20.21	12.00	2.52
	$RuSi_3^-$	-81.009	-67.712	-66.797	-0.003		0.001	-71.84	-17.96	13.78	3.71
	$RuSi_4^-$	-91.452	-93.036	-77.289	0.000	-1.986	0.000	-87.26	-17.45	15.41	2.49
	$RuSi_5^-$	-111.638	-99.520	-95.246	-0.008	-0.018	0.001	-102.13	-17.02	14.73	1.61
	$RuSi_6^-$	-118.882	-118.578	-109.466	0.005	0.005	-1.809	-115.64	-16.52	9.78	1.19
中性	$RuSi$	-32.820	-32.820	-34.159	0	0	0	-33.27	-16.64	1.34	1.40
	$RuSi_2$	-46.877	-44.549	-43.749	0	0	0	-45.06	-15.02	2.82	1.31
	$RuSi_3$	-63.090	-55.335	-56.414	-0.009	0	0	-58.28	-14.57	7.28	2.12
	$RuSi_4$	-68.840	-72.902	-68.457	-0.006	-0.362	0.002	-70.07	-14.01	4.31	2.07
	$RuSi_5$	-84.390	-79.048	-84.656	0.146	-0.908	2.363	-82.70	-13.78	7.02	1.67
	$RuSi_6$	-98.551	-96.318	-92.316	-0.001	0.006	-2.345	-95.73	-13.68	6.81	1.46

五、磁矩

表 3 - 19 $RuSi_n^{0,+/-}$ ($n = 1 \sim 6$) 团簇最低能结构的总磁矩(TMM) 和每个原子的局域磁矩

（单位：μB）

团簇	局域磁矩							总磁矩
	Ru	Si_1	Si_2	Si_3	Si_4	Si_5	Si_6	
RuSi	2.29	− 0.29						2.00
$RuSi_2$	0.00	0.00	0.00					0.00
$RuSi_3$	1.75	0.01	0.02	0.22				2.00
$RuSi_4$	0.00	0.00	0.00	0.00	0.000			0.00
$RuSi_5$	0.000	0.000	0.000	0.000	0.000	0.000		0.00
$RuSi_6$	− 1.70	0.19	0.34	0.34	0.19	0.20	0.44	0.00
$RuSi^+$	2.87	0.13						3.00
$RuSi_2^+$	− 0.16	0.58	0.58					1.00
$RuSi_3^+$	− 0.225	0.455	0.455	0.315				1.00
$RuSi_4^+$	− 0.809	0.625	0.463	0.463	0.258			1.00
$RuSi_5^+$	− 0.867	0.321	0.317	0.321	0.454	0.454		1.00
$RuSi_6^+$	− 1.602	0.340	0.521	0.351	0.274	0.638	0.478	1.00
$RuSi^-$	1.972	− 0.972						1.00
$RuSi_2^-$	− 0.968	− 0.016	− 0.016					− 1.00
$RuSi_3^-$	− 0.850	0.01	0.01	− 0.17				− 1.00
$RuSi_4^-$	− 1.10	0.065	0.084	0.084	− 0.133			− 1.00
$RuSi_5^-$	− 1.50	0.134	0.175	− 0.119	0.133			− 1.00
$RuSi_6^-$	− 1.627	0.01	0.167	0.01	0.087	0.185	0.167	− 1.00

表 3 - 19 给出了 $RuSi_n^{0,\pm}$ ($n = 1 \sim 6$) 团簇最低能结构的总磁矩和各原子的局域磁矩。为了直观表示各原子的局域磁矩与总磁矩的关系，图 3 - 16 描绘出 $RuSi_n^{\pm,0}$ ($n = 1 \sim 6$) 团簇最低能结构的总磁矩和各原子的局域磁矩。由表 3 - 19 可知， $RuSi_n^+$ ($n = 2 \sim 6$) 团簇最低能结构的总磁矩都为 $1.00\mu B$ ， $RuSi_1^+$ 团簇具有的磁矩为 $3.00\mu B$ ，说明与中性的 $RuSi_n$ ($n = 1 \sim 6$) 团簇相比，增加 1 个正电荷，改

变了自旋向上和向下的电子数目，致使 $RuSi_n^+(n=1\sim6)$ 团簇最低能结构的总磁矩都增加了 $1.00\mu B$，且 $RuSi_1^+$ 团簇是 $RuSi_n^+(n=1\sim6)$ 团簇中磁性最强的。有趣的是，$RuSi_n^-(n=1\sim6)$ 团簇的总磁矩均为 $1.00\mu B$。说明给 $RuSi_n(n=1\sim6)$ 团簇增加 1 个负电荷，致使 $RuSi_1^-$ 和 $RuSi_3^-$ 团簇的总磁矩与相应的中性团簇的总磁矩减小，$RuSi_n(n=2,4\sim6)$ 团簇较相应的中性团簇的磁矩增加 $1.00\mu B$。纵观 $RuSi_n^\pm(n=1\sim6)$ 团簇中各原子的局域磁矩都受到增加的正、负电荷的影响，发生了改变，特别是 $n=2$，4，5。由图中可知，当 $n=2$，4，5 时，中性团簇各原子的局域磁矩为零，带电荷后各原子的局域磁矩都发生了变化。增加的电荷对各原子局域磁矩的影响比较明显。

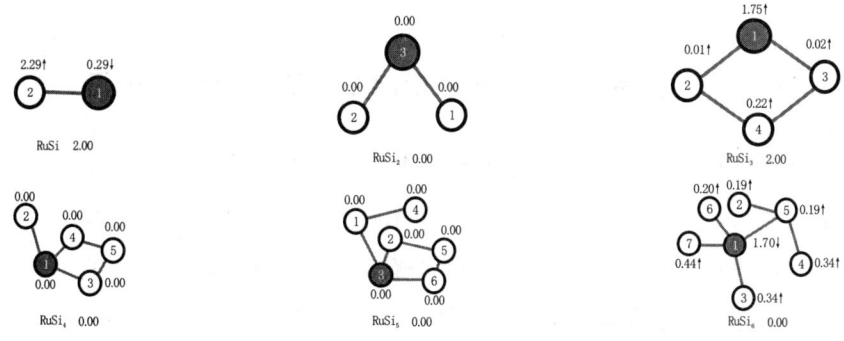

（a）　$RuSi_n(n=1\sim6)$ 团簇最低能结构的总磁矩和原子的局域磁矩（单位：μB）

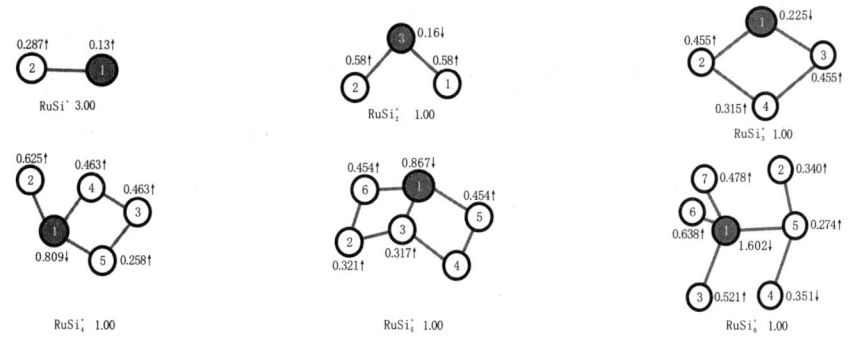

（b）　$RuSi_n^+(n=1\sim6)$ 团簇最低能结构的总磁矩和原子的局域磁矩

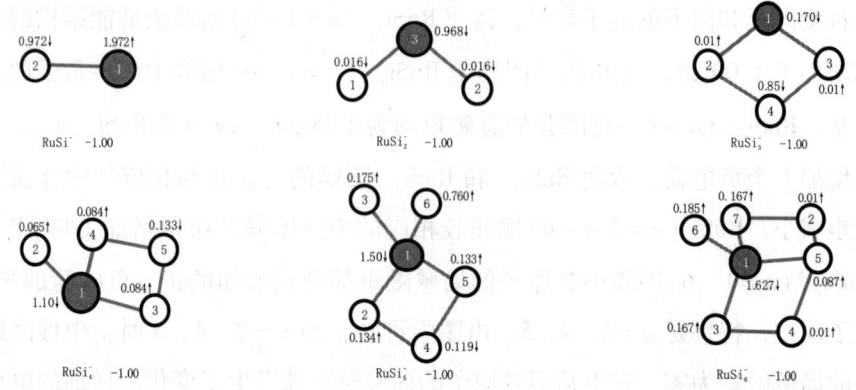

（c） RuSi$_n$$^-$（$n=1\sim6$）团簇最低能结构的总磁矩和原子的局域磁矩

图 3 – 16　团簇最低能结构的总磁矩和原子的局域磁矩

六、RuSi$_n$$^{0,\pm}$（$n=1\sim6$）团簇最低能结构的红外（IR）光谱

图 3 – 17 给出了 RuSi$_n$$^{\pm,0}$（$n=1\sim6$）团簇最低能结构的红外（IR）光谱图，其横轴是频率，单位是每厘米，纵轴是摩尔吸收系数，单位是开每摩尔·厘米。利用 GaussianView 确定各团簇红外光谱各峰值所对应的频率的振动方式的归属情况，RuSi 团簇最低能结构的振动谱（图 3 – 17（a））中只有 1 个振动峰，位于 464 cm^{-1}，是 1 号 Ru 原子（Ru1）与 2 号硅原子沿着垂直于二者联线方向摇摆振动产生。RuSi$_2$ 团簇最低能结构的红外光谱中有 2 个明显的特征峰，最强振动峰位于 503 cm^{-1}处，该振动是 2 个 Si 原子在面内摇摆振动产生的。另一个特征峰坐落于 124.34 cm^{-1}处，它是由于 Si$_1$ – Si$_2$ 原子之间的伸缩振动产生的；RuSi$_3$ 团簇分别在 143 cm^{-1}、228cm^{-1}、312 cm^{-1}、434 cm^{-1}和 459 cm^{-1}处都有振动峰，位于 143 cm^{-1}、228 cm^{-1}、312 cm^{-1}、434 cm^{-1}4 处振动很弱，振动强度很弱，不在此讨论。在 459 cm^{-1}处的振动强度最大，是由 Si$_2$ – Si$_3$ 摇摆振动产生的；NbSi$_4$ 团簇在 100~500 cm^{-1}之间共有 8 个强度不同的振动峰（图3.13（d）），特别是在 434~483 cm^{-1}之间有 3 个连续 3 个峰值，说明在这个频段内该团簇红外活性比较好，最强振动峰在 451 cm^{-1}处，是由 Si$_3$ – Si$_4$ 之间的伸缩振动产生的，在振动过程中化学键长发生变化，次强峰坐落于 483 cm^{-1}处，该处的振动模式是

$Ru_1 - Si_2$ 2 个原子摇摆振动；$RuSi_5$ 团簇的红外活性最强，在 50～450 cm^{-1} 之间，振动峰多达 12 个之多（图 3-17（e）），连续峰值可分为 2 段，第一段是在 50～320 cm^{-1} 之间有 9 个连续峰值，其中坐落在 67 cm^{-1}、124 cm^{-1} 和 147 cm^{-1} 处的 3 个峰值几乎相同，另一个峰值相同的位置分别在 191 cm^{-1}、263 cm^{-1} 和 319^{-1}。67 cm^{-1} 处的振动模式是由 4 号 Si 原子和 1 号硅原子摇摆振动以及 6 号硅原子与 3 号 Ru 原子之间摇摆振动共同产生的，124 cm^{-1} 处的振动模式是由 $Si_2 - Si_6$ 摇摆振动和 $Si_4 - Si_1$ 摇摆振动共同产生，147 cm^{-1} 处的振动模式是由 $Si_1 - Ru_3$ 摇摆振动和 $Si_5 - Ru_3$ 摇摆振动产生，且 2 个摇摆不在同一平面内。第二段是介于 390～440 cm^{-1} 之间，有 3 个连续峰值，具体位置在 393 cm^{-1}、412 cm^{-1} 和 423 cm^{-1}，这 3 处的振动峰值强度几乎相同。

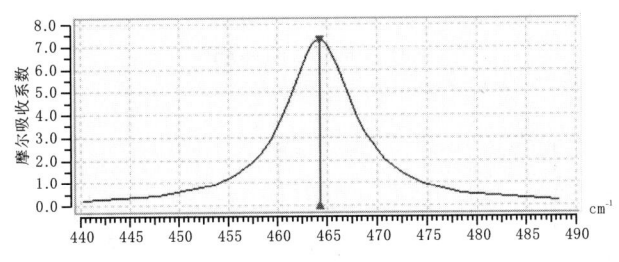

（a）　RuSi 的红外光谱

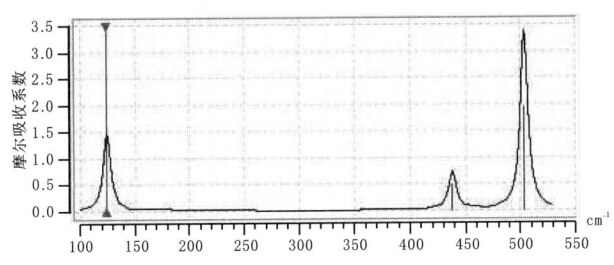

（b）　$RuSi_2$ 的红外光谱

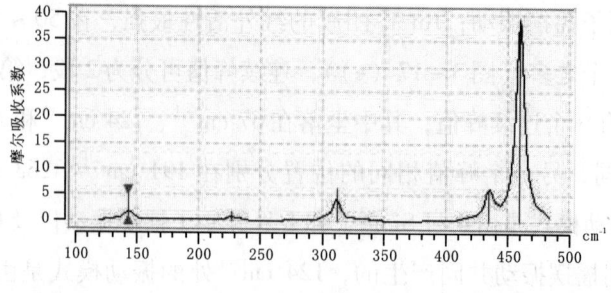

（c） RuSi$_3$ 的红外光谱

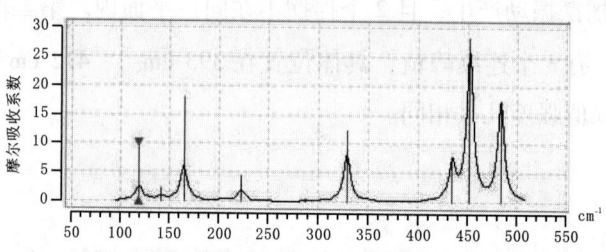

（d） RuSi$_4$ 的红外光谱

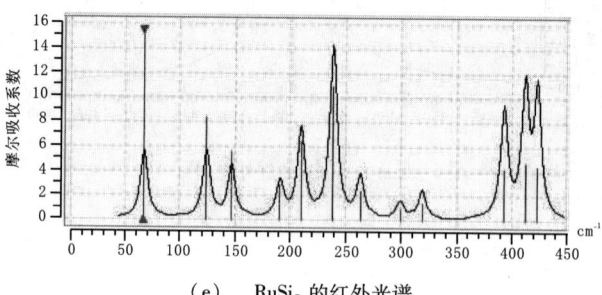

（e） RuSi$_5$ 的红外光谱

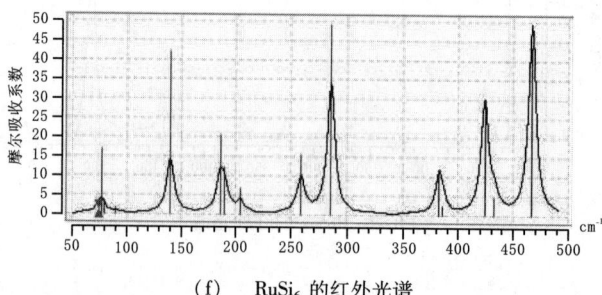

（f） RuSi$_6$ 的红外光谱

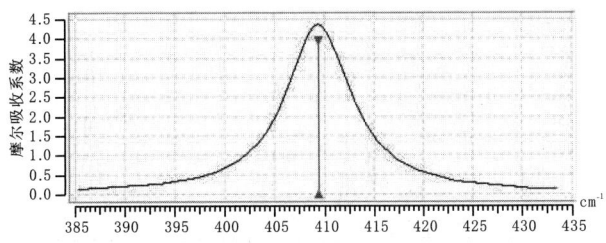

（g）　RuSi$^+$的红外光谱

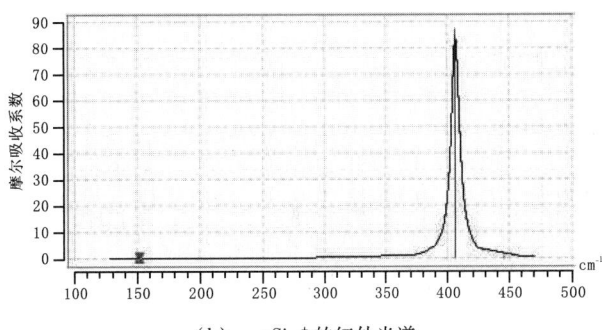

（h）　uSi$_2$$^+$的红外光谱

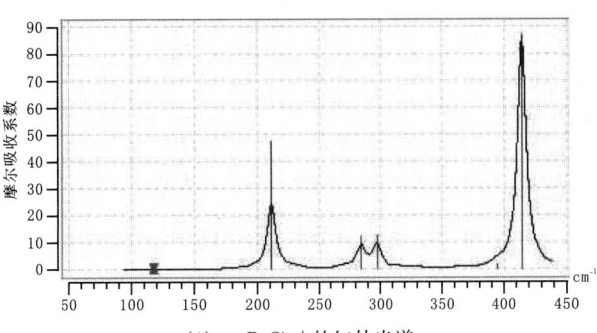

（i）　RuSi$_3$$^+$的红外光谱

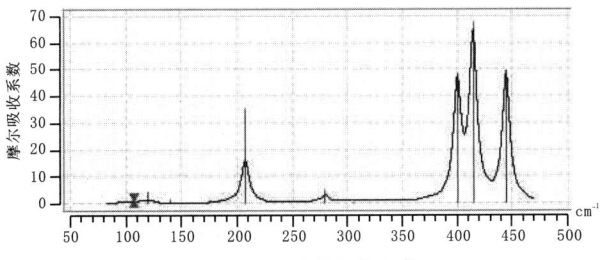

（j）　RuSi$_4$$^+$的红外光谱

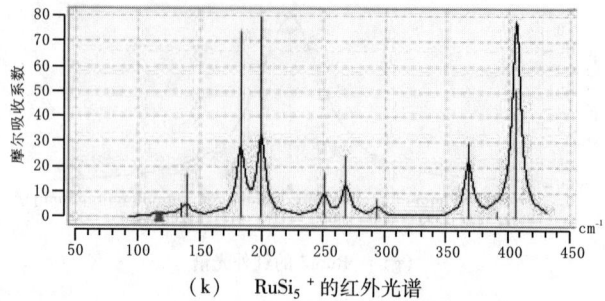

（k）　RuSi$_5{}^+$的红外光谱

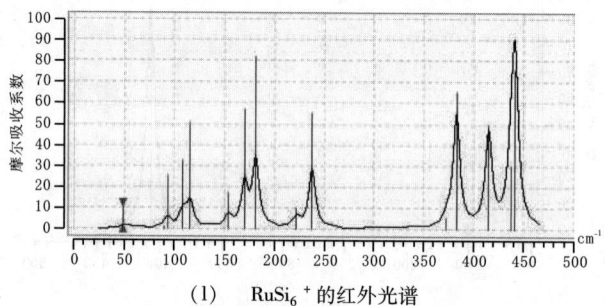

（l）　RuSi$_6{}^+$的红外光谱

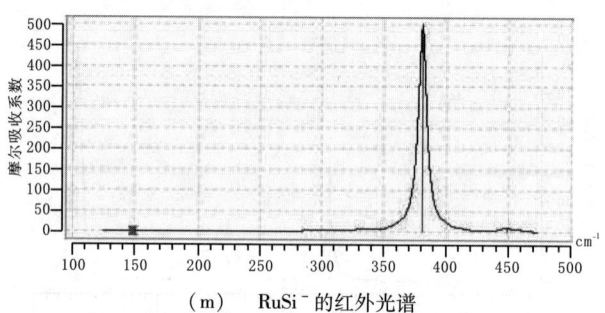

（m）　RuSi$^-$的红外光谱

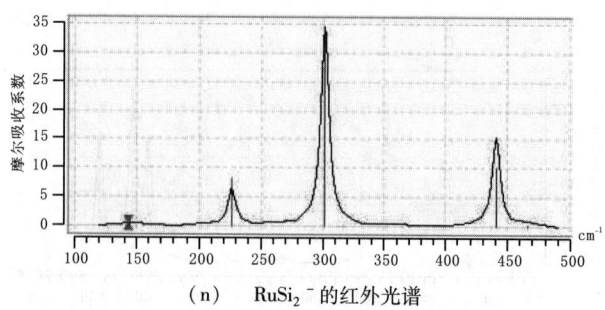

（n）　RuSi$_2{}^-$的红外光谱

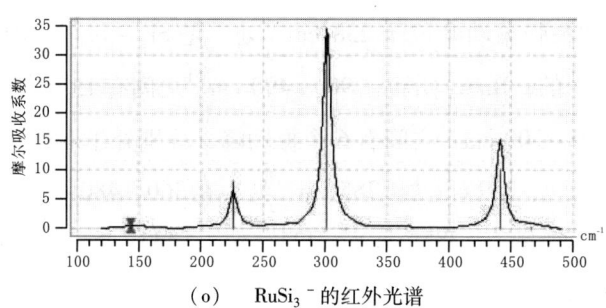

（o）　$RuSi_3^-$ 的红外光谱

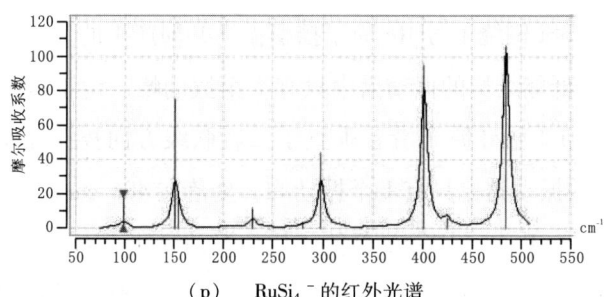

（p）　$RuSi_4^-$ 的红外光谱

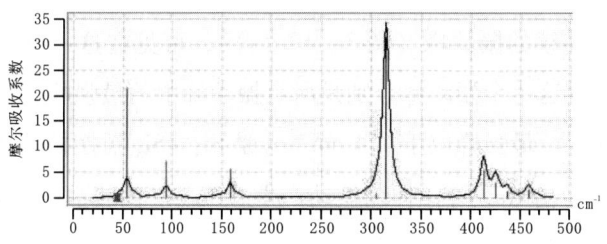

（q）　$RuSi_6^-$ 的红外光谱

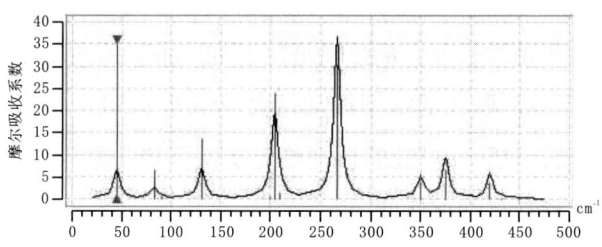

（r）　$RuSi_6^-$ 的红外光谱

图 3−17　$RuSi_n^{\pm,0}$ 团簇最低能结构的红外光谱

RuSi$_5$ 团簇中最强振动峰位于 238 cm^{-1} 处，是 Si$_1$ – Si$_4$ 摇摆振动和 Si$_2$ – Si$_6$ 摇摆振动共同产生的；RuSi$_6$ 团簇在 90 ~ 490 cm^{-1} 之间有 15 个振动峰（图 3 – 17 (f)），特别是 130 ~ 300 cm^{-1} 之间有 6 个振动峰，分别处于 140 cm^{-1}、185 cm^{-1}、189 cm^{-1}、204 cm^{-1}、259 cm^{-1} 和 285 cm^{-1} 处，在 360 ~ 480 cm^{-1} 之间有 5 个振动峰，分别位于 382 cm^{-1}、385 cm^{-1}、424 cm^{-1}、433 cm^{-1} 和 467 cm^{-1}，说明 RuSi$_6$ 团簇红外活性比较强。最强振动峰处于 467 cm^{-1}，是由于 6 号 Si 原子与 1 号 Ru 原子摇摆振动产生的。次强峰位于 285 cm^{-1}，振动模式是 Si$_3$ – Si$_4$ 围绕 5 号 Si 原子和 Si$_7$ – 3Si 围绕 1 号 Ru 原子摇摆振动共同产生的。

RuSi$^+$ 团簇最低能结构的振动谱中只有 1 个振动峰，位于 409 cm^{-1}，是 1 号 Ru 原子（Ru1）与 2 号硅原子沿着垂直于二者联线方向摇摆振动产生。RuSi$_2^+$ 团簇最低能结构的振动谱也只有 1 个振动峰，坐落在 406 cm^{-1}，是 Si$_1$ – Si$_2$ 反对称伸缩振动形成的；RuSi$_3^+$ 团簇最低能结构的振动峰处于 414 cm^{-1}，是 4 个振动峰中强度最大的 1 个（图 3 – 17 (h)），是由 Si$_2$ – Si$_3$ 沿着垂直到它们联线方向的摇摆振动产生的；其他振动强度较小。RuSi$_4^+$ 团簇最低能结构在 380 ~ 450 cm^{-1} 之间有 3 个连续的振动峰（图 3 – 17 (j)），可见在这一范围内团簇具有较强的红外活性，且这 3 个振动峰分别是所有振动峰中的最强峰、次强峰和次次强峰，其余振动较弱。最强峰位于 414 cm^{-1}，是 Si$_4$ – Si$_3$ 摇摆振动产生的，次强峰是处于 444 cm^{-1}，由 Ru$_1$ – Si$_2$ 伸缩振动产生。RuSi$_5^+$ 团簇的红外光谱和 RuSi$_5$ 团簇一样，也是有很多的振动峰（图 3 – 17 (k)），其中最强峰坐落在 406 cm^{-1}，归属于 Si$_5$ – Si$_6$ 摇摆振动产生。RuSi$_6^+$ 团簇最低能结构的红外光谱中在 80 ~ 240 cm^{-1} 之间和 360 ~ 440 cm^{-1} 之间都有连续光谱（图 3 – 17 (l)），说明 RuSi$_6^+$ 团簇最低能结构的红外活性较强。最强峰是位于 441 cm^{-1} 的振动峰，振动模式归属于 Si$_6$ – Ru$_1$ 垂直于他们联线的摇摆振动；次强峰处于 383 cm^{-1}，是 Si$_3$ – Ru$_1$ – Si$_7$ 的面内剪式振动；415 cm^{-1} 处的振动峰是次次强峰，是由 Ru$_1$ – Si$_7$ 在垂直于 Si$_5$ – Ru$_1$ 的方向上摇摆振动形成的。

RuSi$^-$ 团簇最低能结构的红外光谱（图 3 – 17 (g)），这个振动峰是由于 Ru 原子和 Si 原子在垂直它们联线方向上摇摆产生。RuSi$_2^-$ 团簇最低能结构的红外光谱显示也只有 1 个振动峰，位于 380 cm^{-1} 处，振动模式归属 Si$_1$ – Si$_2$ 反对称伸缩引起的；$RuSi_3^-$团簇的红外振动光谱中共有 4 个特征峰，其中最强峰处在 301 cm^{-1}，是 $Si_2 - Si_3$ 摇摆振动产生的；$RuSi_4^-$ 团簇的最低能结构的红外光谱在 90 ~ 490 cm^{-1} 之间有 9 个振动峰，但只有 484 cm^{-1} 处的振动峰是最强的，他是 $Si_3 - Si_4$ 摇摆振动所产生的；次强峰在 401 cm^{-1} 处，是 $Si_2 - Ru_1$ 摇摆振动形成的。$RuSi_5^-$ 团簇红外光谱有多个振动峰，这些振动峰可分为三部分，第一部分在 50 ~ 160 cm^{-1} 之间，这个区间有 3 个振动峰，但是强度比较弱；第二部分是在 314 cm^{-1} 处有 1 个振动峰，这个振动峰是最强的振动峰（图 3 - 17（q）），是 $Si_4 - Si_5$ 摇摆振动形成的；第三部分有 4 条振动峰，集中在 400 ~ 490 cm^{-1} 之间，但是这 4 条振动峰的振动强度比较弱；$RuSi_6^-$ 团簇的红外光谱有 8 条明显的振动峰，几乎均匀地分布在 40 ~ 420 cm^{-1} 之间，其中 266 处的振动峰最强，是由 $Si_2 - Si_7$ 沿着垂直于他们联线方向摇摆振动和 $Si_3 - Si_4$ 沿着垂直于他们联线方向摇摆振动共同形成的；次强峰位于 204 cm^{-1}，他是 $Si_4 - Si_5$ 摇摆振动产生的。

总之，从图 3 - 17 可以看出，当 $n < 3$ 时，尺寸相同，即 n 相同，带电的团簇和中性的团簇的红外光谱分布几乎相同；当 $n > 3$ 时，带电团簇和中性团簇相比，红外光谱的振动峰都随着尺寸的增加而增多，但是振动峰比较相似，尺寸对 $RuSi_n^{0, \pm}$（$n = 1 ~ 6$）团簇最低能结构的红外（IR）光谱的影响远远大于电荷对红外光谱的影响。

七、小结

运用密度泛函方法在（U）B3LYP/LanL2DZ 水平上研究了 $RuSi_n^{0, \pm}$（$n = 1 ~ 6$）团簇的几何结构和电子性质。研究结果显示，$RuSi_n^{0, \pm}$（$n = 1 ~ 6$）团簇保持了 Si_{n+1} 团簇[41]的基本框架，$RuSi_6$、$RuSi_2^+$ 和 $RuSi_3^-$ 团簇分别是 $RuSi_n$、$RuSi_n^+$ 和 $RuSi_n^-$（$n = 1 ~ 6$）团簇中热力学稳定性最强的团簇，且 $RuSi_3^-$ 团簇是 $RuSi_n^{0, \pm}$（$n = 1 ~ 6$）团簇中热力学稳定性最强的。对 $RuSi_n^{0, \pm}$（$n = 1 ~ 6$）团簇最低能结构的自然电荷分别说明在 $RuSi_n^{0, \pm}$（$n = 1 ~ 6$）团簇最低能结构中除过 $RuSi^+$ 团簇外，其余团簇中 Ru 原子充当电荷的受体，Si 是电荷的施体，说明在这些团簇的电低能结构中出现了电荷反转，而且还可知道 Ru 原子内出现轨道杂化，主要发生在 5s

轨道和 4d 轨道之间。$RuSi_n^{0,\pm}$ ($n = 1 \sim 6$)（不包含 $RuSi^+$ 团簇）最低能结构中 Ru 原子转移电荷平均值分别为 1.07e、0.497e 和 1.574e，转移电荷的数量反映出带电团簇和中性团簇电荷转移的能力不同，也就是说增加的电荷对团簇中原子的电荷转移影响比较大。通过对 $RuSi_n^{0,\pm}$ ($n = 1 \sim 6$) 团簇的 HOMO – LUMO 能隙的研究发现，对于 $RuSi_n^+$ ($n = 1 \sim 6$) 团簇来说，HOMO – LUMO 能隙呈现奇偶振荡效应。$RuSi^+$ 团簇的 HOMO – LUMO 能隙最大，因此它的化学稳定性最强；$RuSi_5^+$ 团簇的能隙最小，因此它的化学活性最弱。$RuSi_n$ ($n = 1 \sim 6$) 团簇中化学稳定性最强和最弱的分别为 RuSi 和 $RuSi_4$ 团簇。$RuSi_n^{0,\pm}$ ($n = 1 \sim 6$) 团簇的 HOMO – LUMO 能隙处在 1.77 ~ 2.91eV 之间，属于半导体性 （1.5 ~ 3.0eV），且反映出各团簇导电能力的强弱，$RuSi^+$ 团簇最弱，$RuSi_5^+$ 最强。对 $RuSi_n^{0,\pm}$ ($n = 1 \sim 6$) 的极化率的研究发现，$RuSi_n^{0,\pm}$ ($n = 1 \sim 6$) 团簇最低能结构的极化率张量都随 Si 原子数的增大而减小，且变化规律相同，意味着 $RuSi_n^{0,\pm}$ ($n = 1 \sim 6$) 团簇原子间的成键相互作用随 n 的增大而减弱。相同原子数目的 $RuSi_n^{\pm,0}$ ($n = 1 \sim 6$) 团簇的极化率张量的增量几乎相同，且大小顺序为 $RuSi_n^- < RuSi_n < RuSi_n^+$，说明 $RuSi_n^+$ ($n = 1 \sim 6$) 团簇原子间的作用强于 $RuSi_n^{-,0}$ ($n = 1 \sim 6$) 团簇，即 $RuSi_n^+$ ($n = 1 \sim 6$) 团簇结构较其他两类团簇更紧凑。对 $RuSi_n^{0,\pm}$ ($n = 1 \sim 6$) 团簇的最低能结构磁性的研究可知，除了 $RuSi_2$、$RuSi^+$ 的磁矩分别为 2.00μB 和 3.00μB 外，$RuSi_n$ ($n = 1, 3 \sim 6$)、$RuSi_n^+$ ($n = 2 \sim 6$) 和 $RuSi_n^-$ ($n = 1 \sim 6$) 团簇最低能结构的磁矩分别为 0.0μB、1.0μB 和 1.0μB。对 $RuSi_n^{0,\pm}$ ($n = 1 \sim 6$) 团簇最低能结构的红外光谱研究发现，随着团簇中硅原子数目的增多，红外光谱中强振动峰的个数增多，并对每个团簇最低能结构的主要强振动峰的归属进行了指认。

参考文献

［1］Stein G. D. Atoms and molecules in small aggregates ［J］. Phys Teach，1997，17：503－512.

［2］王广厚. 团簇物理学 ［M］. 上海：上海科学技术出版社，2003：1.

［3］王广厚. 原子团簇科学 ［J］. 科技导报，1994（10）：9.

［4］王金兰. 博士学位论文：金属. 半导体团簇结构和性质及金纳米线热力学稳定性的理论研究 ［D］. 南京大学，2001.

［5］Rademann K，Kaiser B.，Even U，et al. Size dependence of the gradual transition to metallic properties in isolated mercury clusters ［J］. Phys. Rev. Lett，1987，59：2319.

［6］Han J G，Shi Y Y. A computational study on geometries，electronic structures and ionization potentials of MSi15（$M=$ Cr，Mo，W）clusters by density functional method ［J］. Chem. Phys，2001，266（1）：33.

［7］Han J G，Zhao R N，Duan Y H. Geometries stabilities，and growth patterns of the bimetal Mo_2 Doped Sin（$n=9\sim16$）clusters：a density functional investigation ［J］. J. Phys. Chem. A，2007，111：2148.

［8］Khanna S. N.，Linderoth S.. Magnetic behavior of clusters of ferromagnetic transition metals ［J］. Phys. Rev. Lett，1991，67：742.

［9］Cox D. M.，Trevor D. J.，Whetten R. L.. Magnetic behavior of free－iron and iron oxide clusters ［J］. Phys. Rev. B.，1985，32：7290.

［10］Louderback J. G.，Cox A. J.，Lising L. J.，et al.，Magnetic properties of nickel clusters ［J］. Z. Phys. D，1993，26：301.

［11］Bucher J. P.，Douglass D. C.，Bloomfield L. A. Magnetic properties of free cobalt clusters ［J］. Phys. Rev. Lett，1991，66：3052.

［12］Billas I. M. L.，Becker J. A.，Chatelain A.，et al. Magnetic moments of iron clusters with 25 to 700 atoms and their dependence on temperature ［J］. Phys. Rev. Lett，1993，71：4067.

［13］Billas I. M. L.，Chatelain A.，Heer W. A. de. Magnetism in transition－metal clusters from the atom to the bulk ［J］. Surf. Rev. Lett, 1996, 3: 429 – 434.

［14］ Zhao J. , Han M. , Wang G. . Ionization potential of transition – metal clusters ［J］. Phys. Rev. B, 1993, 48: 15297.

［15］ Dorantes – Dávila J. , Dreyssé H. . Magnetic behavior of small vanadium clusters ［J］. Phys. Rev. B, 1993, 47: 3857 – 3863.

［16］ Cox A. J. , Louderback J. G. , Bloomfield L. A. . Experimental observation of magnetism in rhodium clusters ［J］. Phys. Rev. Lett, 1993, 71: 923.

［18］ Liu F. , Khanna S. N. , Jena P. . Magnetism in small vanadium clusters ［J］. Phys. Rev. B, 1991, 43: 8179 – 8182.

［19］ Cheng H. , Wang L. S. . Dimer Growth, Structural Transition, and Antiferromagnetic Ordering of Small Chromium Clusters ［J］. Phys. Rev. Lett, 1996, 77: 51 – 54.

［20］ Pastor G. M. , Dorantes – Dávila J. , Bennemann K. H. . Size and structrural dependence of the magnetic properties of small 3d – transition – metal clusters ［J］. Phys. Rev. B, 1989, 40: 7642 – 7645.

［21］ Alvarado P. , Dorantes – Dávila J. , Dreyssé H. . structural effects on the magnetism of small vanadium clusters ［J］. Phys. Rev. B, 1994, 50: 1039 – 1045.

［22］ Douglass D. C. , Bucher J. P. , Bloomfield L. A. . Magnetic studies of free nonferromagnetic clusters ［J］. Phys. Rev. B, 1992, 45: 6341.

［23］ Cox A. J. , Louderback J. G. , Aspel S. E. , et al. Magnetism in 4d – transition metal clusters ［J］. Phys. Rev. B, 1994, 49: 12295.

［24］ Lee K. Callaway J. . Electronic structure and magnetism of small V and Cr clusters ［J］. Phys. Rev. B, 1993, 48: 15358.

［25］ Wang J. L. , Zhao J. J. , Ding F. , et. al. Thermal properties of medium – sized Ge clusters ［J］. Solid State Communications, 2001, 117: 593 – 598.

［26］ Wang J. L. , Ding F. , Shen W. F, et. al. Thermal behavior of Cu – Co bimetallic clusters ［J］. Solid State Communications, 2001, 119: 13 – 18.

［27］ Binns C. . Nanoclusters deposited on surfaces ［J］. Surf Sci. Report, 2001, 44: 1.

［28］ Chen X. , Zhao J. , Wang G. . Conductance resonance of metal – insulator – metal junction with embedded metal cluster ［J］. Appl. Phys. Lett, 1994, 65: 2419.

［29］ 王远, 徐东升. 纳米尺度分子工程研究. 新世纪的物理化/学科前沿与展望 ［M］. 北京: 科学出版社, 2004: 31.

[30] Ventra M. D., Pantelides S. T., Lang N. D.. First – principle calculation of transport properties of a molecular device [J]. Phys. Rev. Lett, 2000, 84: 979 – 982.

[31] Xue Y. Q., Datta S., Ratner M. A.. Charge transfer and "band lineup" in molecular electronic devices: A chemical and numerical interpretation [J]. Chem. Phys, 2001, 115: 4292.

[32] Lang N. D., Avouris Ph.. Electrical conductance of parallel atomic wires [J]. Phys. Rev. B, 2000, 62: 7325 – 7392.

[33] Barnett R. N., Landman U.. Cluster – derived structures and conductance fluctuations in nanowires [J]. Nature, 1997, 387: 788 – 791.

[34] Slanina Z., Lee S. L., Kobayashi K., Si_{60} clusters: AM1 computed Ih/C_{2v} relative populations [J]. J. Mol. Str. (THEOCHEM), 1994, 312. 175 – 178.

[35] Zybill C. Si_{60}, an Analogue of C_{60} [J]. Angew, Chem. Int. Ed. Engl, 1992, 31: 173.

[36] 王广厚. 离子簇的奇异性质. 物理学进展. 1987, 7: 1.

[37] Becker E, Bier K, Henkes W. Strahlen aus kondensierten Atomen und Molekeln im Hochvakuum [J]. Zeitschrift für Physik, 1956, 146 (3): 333 – 338.

[38] Knight W, Clemenger K, de Heer E, et al. Electronic shell structure and anundances of sodium clusters [J]. Phys, Rev. Lett, 1984, 52 (24): 2141.

[39] Smalley R E, Kroro H, Heath J. C_{60}: Buckminsterfullerene [J]. Nature, 1985, 318 (6042): 162 – 163.

[40] Raghavachari K., Curtiss L. A.. Accurate Theoretical studies of Small Elemental Clusters, Quantum Mechanical Electronic Structure Calculations with Chemical Accuracy [J]. Understanding Chemical Reactivity, 1995, 13: 173 – 207.

[41] Raghavachari K., Logovinsky V. Structure and bonding in small silicon clusters [J]. Phys. Rev. Lett, 1985, 55: 2853.

[42] Bloomfield L. A.. Freeman R. R., Brown W. L.. Photofragmentation of Mass – Resolved Si_{2-12}^{+} clusters [J]. Phys. Rev. Lett, 1985, 54: 2246.

[43] Brown W. L., Freeman R. R., Raghavachari K., et al. Covalent Group IV Atomic Clusters [J]. Science, 1987, 235 (4791): 860 – 865.

[44] Kitsopoulos T. N., Chick C. J., Weaver A., et al. Vibrationally resolved photoelectron spectra of Si_3^- and Si_4^- [J]. J. Chem. Phys, 1990, 93: 6108.

[45] Cheshnovsky O., Yang S. H., Smalley R. E., et al. Ultraviolet photoelectron spectroscopy of semiconductor clusters: Silicon and germanium [J]. Chem. Phys. Lett, 1987, 138: 119.

[46] Raghavachari K. , Rohlfing C. M. . Bonding and stabilities of small silicon clusters: A theoretical study of $Si_7 - Si_{10}$ [J] . J. Chem. Phys, 1988, 89: 2219.

[47] Arnold C. C. , Neumark D. M. . Threshold photodetachment zero – electron kinetic energy spectroscopy of Si_3^- [J] . J. Chem. Phys, 1994, 100: 1797.

[48] Jarrold M. F. , Honea E. C. . Dissociation of large silicon clusters: the approach to bulk behavior [J] . J. Phys. Chem, 1991, 95: 9181.

[49] Kitsopoulos T. N. , Chick C. J. , Zhao Y. , et al. Study of the low – lying electronic states of Si_2 and Si_2 using negative ion photodetachment techniques [J] . J. Chem. Phys, 1991, 95: 1441.

[50] Niessen W. von, Zakrewski V. G. . Complex electron affinity processes and ionization in the clusters $Si_3 - Si_{10}$ [J] . J. Chem. Phys, 1993, 98: 1271.

[51] Raghavachari K. , Rohlfing C. M. . Electronic structures of the negative ions $Si_2^- - Si_{10}^-$: Electron affinities of small silicon clusters [J] . J. Chem. Phys, 1991, 94: 3670.

[52] Rohlfing C. M. , Raghavachari K. . Electronic structures and photoelectron spectra of Si_3^- and Si_4^- [J] . J. Chem. Phys, 1992, 96: 2114.

[53] Arnold C. C. , Neumark D. M. . Study of Si_4^- and Si_4 using threshold photodetachment (ZEKE) spectroscopy [J] . J. Chem. Phys, 1993, 99: 3353.

[54] Fuke K. , Tsukamoto K. , Misaizu F. , et al. Near threshold photoionization of silicon clusters in the 248 – 146 nm region: Ionization potentials for Sin [J] . J. Chem. Phys, 1993, 99: 7807.

[55] Arnold C. C. , Kitsopoulos T. N. , Neumark D. M. . Reassignment of the Si_2 photodetachment spectra [J] . J. Chem. Phys, 1993, 99: 766.

[56] Rothlisberger U. , Andreoni W. , Parrinello M. . Structure of nanoscale silicon clusters [J] . Phys. Rev. Lett, 1994, 72: 665.

[57] Kaxiras E. , Jackson K. . Shape of small Silicon clusters [J] . Phys. Rev. Lett, 1993, 71: 727.

[58] Ho K. M. , Shvartsburg A. A. , Pan B. , et al. Structures of medium – sizeed silicon clusters [J] . Nature (London), 1998, 392: 582.

[59] Honea E. C. , Ogura A. , Murray C. A. , et al. Raman spectra of size – selected silicon clusters and comparisons with calculated structures [J] . Nature (London), 1993, 366: 42.

[60] Li S. , Van Zee R. J. , Weltner W Jr. , et aL. $Si_3 \sim Si_7$ Experimental and theoretical infrared spectra [J] . Chem. Phys. Lett, 1995, 243: 275 – 280.

［61］ Jarrold M. F.. Nanosurface Chemistry on size – selected silicon clusters ［J］. Science, 1991, 252: 1085.

［62］ Rata I., Shvartsburg A. A., Horoi M., et al. Single – parent evolution algorithm and the optimization of Si clusters ［J］. Phys. Rev. Lett, 2000, 85: 546.

［63］ Hagelberg F., Leszczynski J., Murashov V.. Theoretical investigations on small closed – shell silicon$_N$ clusters ［J］ J. Mol. Struct. (THEOCHEM), 1998, 454: 209.

［64］ Lu J., Zhang X. W, Zhao X. G., Strong metal – cage hybridization in endohedral La@ C82, Y @ C82, and Sc@ C82 ［J］. Chem. Phys. Lett, 2000, 332: 51.

［65］ Han J. G., Ren Z. Y., Sheng L. S., et al. The new stable Si$_n$ ($n = 26 \sim 36$, 60) cages: a semiempirical theoretical investigation, J. Mol. Struct. (THEOCHEM), 2003, 625: 47.

［66］ Jackson K., Nellemore B. Zr@ Si20: a strongly bound Si endohedral system ［J］. Chem. Phys. Lett, 1996, 254: 249.

［67］ Beck S. M.. Mixed metal – silicon clusters formed by chemical reaction in a supersonic molecular beam: Implications for reactions at the metal/silicon interface ［J］. J. Chem. Phys, 1989, 90: 6306.

［68］ Scherer J. J., Paul J. B., Collier C. P., et al. Cavity ringdown laser absorption spectroscopy and time – of – flight mass spectroscopy of jet – cooled copper silicides ［J］. J. Chem. Phys, 1995, 102: 5190.

［69］ Hiura H., Miyazaki T., Kanayama T.. Formation of metal – encapsulating Si cage clusters ［J］. Phys. Rev. Lett, 2001, 86: 1733.

［70］ Ohara M., Miyajima K., Pramann A., et al.. Geometric and electronic structures of Terbium – silicon mixed clusters (TbSi$_n$; $6 \leqslant n \leqslant 16$) ［J］. J. Phys. Chem. A, 2002, 106: 3702.

［71］ Ohara M., Koyasu K., Nakajima A., et al. Geometic and electronic structure of metal (M) – doped silicon clusters ($M =$ Ti, Hf, Mo and W) ［J］. Chem. Phys. Lett, 2003, 371: 490.

［72］ Khanna S. N., Rao B. K., Jena P.. Magic Numbers in metallo – inorganic clusters: chromium encapsulated in silicon cages ［J］. Phys. Rev. Lett, 2002, 89: 016803.

［73］ Zhao R N, Han J G, Duan Y H. Density functional theory investigations on the geometrical and electronic properties and growth patterns of Si$_n$ ($n = 10 \sim 20$) clusters with bimetal Pd$_2$ impurities ［J］. J. Mol. Struct, 2001, 549: 181.

［74］ Kumar V., Kawazoe Y.. Metal – encapsulated caged clusters of Gemanium with large gaps and different growth behavior than silicon [J]. Phys. Rev. Lett, 2002, 88: 235504.

[75] Kumar V., Kawazoe Y.. Metal – encapsulated Fullerenelike and Cubic caged clusters of silicon [J]. Phys. Rev. Lett, 2001, 87: 045503.

[76] Lu J., Nagase S.. Structure and electronic properties of metal – encapsulated silicon clusters in a large size range [J]. Phys. Rev. Lett, 2003, 90: 115506.

[77] Xiao C., Hagelerg F., Jr Lester W. A.. Geometric, energetic and bonding properties of neutral and charged copper – doped silicon clusters [J]. Phys. Rev. B, 2002, 66: 075425.

[78] Sen P., Mitas L.. Electronic structure and ground states of transition metals encapsulated in a Si_{12} hexagonal cage [J]. Phys. Rev. B, 2003, 68: 155404.

[79] Kumer A., Tina S., M. Briere, et al. Magnetism in transition – metal – doped silicon nanotubes [J]. Phys. Rev. Lett, 2003, 91: 146802.

[80] Kumar V., Kawazoe Y.. Electronic structure and ground states of transition metal encapsulated in a Si12 hexagonal prism cage [J]. Phys. Rev. B, 2003, 68: 155412.

[81] Yokoya T.. Electronic structure and superconducting gap of silicon clathrate $Ba_8 Si_{46}$ studied with ultrahigh – resolution photoemission [J]. Phys. Rev. B, 2001, 64: 172504.

[82] Tanigaki K., Shimizu T., Itoh K. M., etal., Mechanism of superconductivity in thepolyhedral – network compound $Ba_8 Si_{46}$ [J]. Nat. Mater. 2003. 2: 653.

[83] Guo P., Ren Z. Y, J. G. Han et al. Structure and electronic properties of $TaSi_n$ ($n = 1 \sim 13$) clusters: A relativistic density functional investigation [J]. J. Chem. Phys, 2004, 121: 12265.

[84] Zhao R. N., Ren Z. Y., Han J. G., et al. Geometrical and Electronic Properties of the Neutral and Charged Rare Earth Yb – doped Si_n ($n = 1 - 6$) Clusters: A Relativistic Density Functional Investigation [J]. J. Phys. Chem. A, 2006, 110: 4071.

[85] Zheng W., Nilles J. M, Radisic D, et al. Photoelectron spectroscopy of chromium – doped silicon cluster anions [J]. J. Chem. Phys, 2005, 122: 071101.

[86] 张波, 万发荣. 硅氧团簇离子的 TOFMS 研究 [J]. 山东陶瓷, 1999, 22: 27 – 30.

[87] Lu S J. Structural evolution from exohedral to endohedral geometries, dynamical fluxionality, and structural forms of medium – sized anionic and neutral $Au_2 Si_n$ ($n = 8 \sim 20$) clusters. Phys [J]. Chem. Chem. Phys, 2020, 22: 25606 – 25617.

[88] Wu X, Du Q Y, Zhou S, et al. Structures, stabilities and electronic properties of $TimSi_n^-$ ($m = 1 \sim 2$, $n = 14 \sim 20$) clusters: a combined ab initio and experimental study [J]. EUR PHYS

J PLUS, 2020, 135: 734.

[89] Lu S J, Xu H G, Xu X L, et al. Structural Evolution and Electronic Properties of TaSi$_n^{-/0}$ ($n =$ 2~15) Clusters: Size – Selected Anion Photoelectron Spectroscopy and Theoretical Calculations [J]. J. Phys. Chem, A, 2020. 124 (47): 9818 – 9831.

[90] 张秀荣, 刘小芳, 康张李. W$_n$Si$_2^{0,\pm}$ ($n = 1$ ~ 5) 团簇结构和光谱的理论研究 [J]. 原子与分子物理学报, 2010, 27: 869.

[91] Dieu H T, Minh H H, Tho N M. Structural assignment, and electronic and magnetic properties of lanthanide metal doped silicon heptamers Si$_7$M$^{0/-}$ with $M =$ Pr, Gd and Ho [J]. Phys. Chem. Chem. Phys, 2016, 18 (45): 31054 – 31063.

[92] J. T. Hu, D. P. Yang,, C. M. Lieber. Nitrogen – driven sp3 to sp2 transformation on carbon nitride materials [J]. Phys. Rev. B, 1998, 57: 3185 – 3188.

[93] Hugh Harris, Ian Dance. The Geometric and Electronic Structures of Niobium Carbon Clusters [J]. J. Phys. Chem. A, 2001, 105, 3340 – 3358.

[94] Dai D. G., Roszak S., Balasubramanian K.. Electronic Structures of Niobium Carbides: NbCn ($n = 3$ ~8) [J]. J. Phys. Chem. A, 2000, 104: 9760 – 9769.

[95] Zhai H. J., Liu S. R., Li X., et al. Photoelectron Spectroscopy of mono – Niobium Carbide Clusters NbCn$^-$ ($n = 2$ ~ 7): Evidence for a Cyclic to Linear Structural Transition J. Chem. Phys, 2001, 115 (11): 5170 – 5178.

[96] David E. Clemmer and Martin F. Jarrold, J. Am. Chem. Soc. 1995. 117: 8841 – 8850.

[97] Knoll R., Sokolovski J., BenHaim Y., et al. Metal – Containing Carbon Clusters: Structures, Isomerization, and Formation of NbC$_n^+$ Clusters [J]. Physica B, 2006, 381: 47 – 52.

[98] 赵普举, 侯榆青, 任兆玉, 等. 密度泛函方法研究 NbSi$_n$ ($n = 1$ ~6) 团簇 [J]. 西北大学学报 (自然科学版), 2008, 38 (06): 900 – 904.

[99] Van. Lenthee E., Bearends E. J., Snijders J. G.. Relativistic regular two – component Hamiltonians [J]. J. Chem. Phys, 1993, 99: 4597.

[100] A. Diefenbach, F. M. Bickelhaupt. Oxidative addition of Pd to C – H, C – C and C – Cl bonds: Importance of relativistic effects in DFT calculations [J]. J. Chem. Phys, 2001, 115: 4030.

[101] A. D. BECKE, A new mixing of Hartree – Fock and local density – functional theories [J]. J. Chem. Phys, 1993, 98 (2), 1372 – 1377.

[102] C. LEE, YANGW, R. G. PAR. Development of the Colle – Salvetti Correlation – Energy For-

mula into a Functional of the Electron Density [J]. Phys. Rev. B, 1988, 27: 785.

[103] Han J. G., Hagelberg F, A density functional investigation of $MoSi_n$ ($n = 1 \sim 6$) clusters [J]. J. Mol. Struct (THEOCHEM), 2001, 549: 165 – 180.

[104] 沈汉鑫, 蔡娜丽, 文玉华, 等. Nb 原子链的结构稳定性和电子性质 [J]. 物理学报, 2005, 54 (11): 5362.

[105] Charles H. Patterson, Bonding and structure in silicon clusters: A valence – bond interpretation [J]. Phys. Rev. B, 1990, 42: 7530 – 7555.

[106] Han J. G., Hagelberg F.. A density functional theory investigation of $CrSi_n$ ($n = 1 \sim 6$) clusters [J]. J. Chem. Phys, 2001, 263: 255.

[107] Han J. G., Xiao C., Hagelberg F.. Geometric and Electronic Structure of WSi_n ($n = 1 \sim 6$, 12) Clusters [J]. Struct. Chem, 2002, 13: 173.

[108] Pacchioni G, Koutecky J. Electronic Structure and Properties of Small Al and Ge Clusters [J]. Berichte der Bunsengesellschaft für physikalische Chemie, 1984, 88 (88): 242 – 245.

[109] Deutsch, P. W., Curtiss, L. A.; Blaudeau, J. P, Binding energies of germanium clusters, Ge_n ($n = 2 \sim 5$) [J]. Chemical Physics Letters, 1997, 270 (5 – 6): 413 – 418.

[110] Li BaoXing, Cao PeiLin. Structures of Gen clusters ($n = 3 \sim 10$) and comparisons to Si n clusters [J]. Physical Review B, 2000, 62 (23): 87944 – 15796.

[111] Jorg De Haeck, Truong Ba Tai, Soumen Bhattacharyya, et al. Structures and ionization energies of small lithium doped germanium clusters [J]. Phys. Chem. Chem. Phys, 2013, 15: 5151 – 5162.

[112] Sofiane Mahtout, Yacine Tariket, Electronic and magnetic properties of $CrGe_n$ ($15 \leqslant n \leqslant 29$) clusters: A DFT study [J]. Chemical Physics, 2016, 472: 270 – 277.

[113] 涂学炎. Ru_n ($n = 2 \sim 7$) 金属团簇与氧反应的 DFT 研究 [J]. 贵金属, 2004 (03): 15 – 21.

[114] 葛桂贤, 井群, 曹海宾. 密度泛函理论研究 Ru_n 和 Ru_nAu ($n = 1 \sim 12$) 团簇的结构和电子性质 [J]. 物理学报, 2011, 60 (10): 182 – 190.

[115] 夏飞, 林银钟. C_{2v} 对称性簇 Ru_2N_2 的理论计算 [J]. 物理化学学报, 2003 (12): 1119 – 1127.

[116] 王本龙. 三金属 $Ru_{13}@Pt_{42} - nMo$ ($n = 0 \sim 18$) 纳米团簇的结构、电子性质及其对氧气与一氧化碳的催化性能研究. 北京化工大学硕士学位论文 [D]. 2018.

第四章 过渡金属掺杂硅
纳米管的密度泛函理论研究

第一节 碳纳米管概述

1991 年，日本电子公司（NEC）的 S. Iijima 博士[1]用电弧放电法合成富勒烯时，在高分辨透射电镜下观察到一种针状物，发现它是中空管状，直径为 4～30nm，长约 1μm，相邻层间距为 0.34nm。人们将这些管状结构命名为多壁纳米碳管。2 年后，S. Iijima[2]和 Bethune[3]各自独立地用电弧法合成了只有 1 层管壁的碳纳米管，即单壁碳纳米管。碳纳米管被发现后，人们对其结构、制备、特性以及应用产生了深厚的兴趣，无论是在实验还是理论上展开了研究碳纳米管的热潮。

一、碳纳米管的制备

1. 石墨电弧法

碳纳米管的制备是对其开展深入研究与应用的前提，目前已经开发出多种制备方法。最早的制备方法是石墨电弧法。[4-6]这种方法是在真空反应室中充惰性气体或氢气，采用较粗大的石墨棒为阴极，细石墨棒为阳极，在电弧放电的过程中阳极石墨棒不断地被消耗，同时在石墨阴极上沉积出含有碳纳米管的产物。采用电弧法制备碳纳米管时。Iijima 认为碳纳米管是按照外延生长模式（也称开口端模式）机理生长。他们认为，随着气相碳原子簇不断地加到具有悬空键的开口端的碳原子上，碳纳米管不断生长，最后形成具有一定螺旋角的无缝碳纳米管。Smalley[7] 和 Gamaly[8] 利用电场模式解释了电弧法制备碳纳米管的原理。Smalley 认为，由阴极附近的空间电荷层的电压降所形成的电场对保持碳纳米管开口并导致碳纳米管生长起着主要作用。Gamaly 则认为在电弧放电过程中，阴极表面存在 2 种不同的碳物质——各相异性碳离子和由高温蒸发所产生的各相同性的气相碳原子簇。在电场的作用下，各向异性的碳离子促进碳纳米管的生长。这种方法简单快速，且制备的碳纳米管直，结晶度，但是所生产的碳纳米管缺陷较多，且碳纳米管烧结成束，并存在很多非晶碳杂质。[9]

2. 激光蒸发法

激光蒸发法是通过激光蒸发过渡金属与石墨的复合材料棒制备多壁碳纳米管。[10,11] 虽然可以批量生产碳纳米管，但是这个方法制备碳纳米管的成本较高，难以推广。

3. 化学气相沉积法（CVD）[12-14]

化学气相沉积法（CVD）也叫催化热解法，它的主要工作原理是含碳气体流经催化剂纳米颗粒表面时分解产生的碳原子，在催化剂表面生成碳纳米管。这种方法主要用于多壁碳纳米管的批量生产，操作简单，工艺参数易控制，易于进行大规模生产，而且产率高，目前具备了工业化的条件。Yacamán 等人[15] 首先采用含铁质量分数为 2.5% 的铁/石墨颗粒作为催化剂，常压下 700℃ 获得了长度达 50μm 的碳纳米管。采用化学气相沉积法制备碳纳米管时，Ivanov[16] 等人发现，不同的过渡金属在碳纳米管合成过程中不仅表现出不同的催化活性，而且所得的碳纳米管的结构也不尽相同。Hernadi 等人[17] 用不同的含碳化合物作碳源，以 SiO_2 为催化剂载体，用化学气相沉积法在 750℃ 下制备出不同纯度的碳纳米管。Seidel 等人[18] 以钒（经过激光处理过）为载体，以乙炔为碳源，在 720℃ 下分别对铁、钴和镍的催化活性进行研究，结果发现只有铁催化的产物是碳纳米管，钴和镍的催化产物是碳纤维。除了这几种主要的制备方法外，还开发出了水热法[19]、火焰法[20]、低温固态热解法[21-23]和爆炸法[24]等多种制备方法。

二、碳纳米管的性质

1. 力学性质

物质的性质决定了它的应用，碳纳米管的另一个研究热点是性质的研究。人们的研究结果发现，碳纳米管具有特殊的力学性质[25-28]，即极高的强度和极大的韧性，密度却只有钢的1/6，用碳纳米管做的防弹背心是最轻的防弹背心。碳纳米管的这些特殊力学性质是由其六边形网状结构和纳米级直径形成的。Treacy等人[25]测量得到碳纳米管的杨氏模量是1TPa（$1TPa = 10^{12}Pa$），与金刚石的杨氏模量相同，是钢的杨氏模量的50倍以上。

2. 电学性质

Dresselhaus[29]、Hamada[30]和Thess[11]等在各自的研究中分别发现，碳纳米管的导电能力也不同一般物体，与它的结构有关。Ebbesen[31]对单根碳纳米管的导电性能的理论计算和实验表明，由于其结构不同，碳纳米管有可能是导体，也可能是半导体。Ugarte[32]等人进一步指出，碳纳米管的径向电阻大于其轴向电阻，并且这种电阻的各向异性随温度的降低而增大。

3. 热学性质

科学家们在研究碳纳米管时还发现它具有良好的导热性[33,34]，被预言可作为电子设备中高效的散热材料。[35]更有趣的是，Berber等人[36]发现将碳纳米管捆在一起，热量也不会从一根碳纳米管传到另一根碳纳米管。这说明碳纳米管只能在一维方向导热，也就是说碳纳米管具有单向导热性。如此优良的导热性能有望使它成为计算机芯片的导热板，甚至可作为火箭高温部件的防护材料。

另外，碳纳米管还有其他一些如独特的磁性质[37,38]和光学性质[39]等特性。

因此 Smally（C60 的发现者之一）曾说，"碳纳米管将是价格便宜，环境友好并为人类创造奇迹的新材料[40]"。碳纳米管在力学、电学、热学等方面的优异性能在许多领域有着广泛的应用前景。[41]

三、碳纳米管的应用

1. 传感器中的应用

由于碳纳米管电子传输时结点处由温差导致的电位差对影响注入电子的物质很敏感[42]，它在化学传感器领域的潜在应用价值得到人们的关注，如瞿万云[43]研究了 α-萘胺在多壁碳纳米管-DHP（注：双十六烷基磷酸）膜修饰电极上的电化学行为及其测定。他们发现 DHP 膜的修饰，显著提高了 α-萘胺的氧化峰电流。也有人认为，碳纳米管与生物分子有良好的兼容性，可用作生物传感器，如Valentini[44]和 Rochette[45]分别研究了碳纳米管用于生物传感器。

2）在锂电池中的应用

碳纳米管是传统碳基电极材料的最佳替代品。碳纳米管的微观结构为锂离子提供了大量的嵌入空间，使其非常适合用作锂离子电池负极材料。Frackowisk 等人[46]在研究不同的热处理温度对电化学嵌锂容量和循环稳定性的影响时发现，随着碳纳米管石墨化度的升高，电化学嵌锂容量会降低。Mukhopadhyay[47]等在多壁碳纳米管中部分掺杂 B 和 N 等原子，结果表明，掺杂后的多壁碳纳米管的放电比容量比纯净多壁碳纳米管放电比容量高，说明掺杂提高了碳纳米管的电化学性能。

3. 储氢材料

碳纳米管具有很大的比表面积和大量微孔，使其储氢能力与传统的储氢材料相比有很大的优势，因此被认为是理想的储氢材料。[48-50] Dillon[51]曾报道过，单壁碳纳米管吸附氢的能力比活性炭大得多。他研究了各种储氢方法后指出，单壁碳纳米管是目前唯一可能达到美国能源部对燃料电池电动汽车要求是储氢质量分数必须达到 6.5% 以上这一指标的储氢材料[52]，并且他认为碳纳米管是通过物理吸附储氢。Lee[53] 计算研究了碳纳米管储氢，认为单壁碳纳米管储氢能力与管径呈线性关系。

4. 超级电容器

由于碳纳米管的中空结构和巨大的体表比和良好的导电性，还具有电化学电容器电极材料要求的独特的中孔结构，电解质能很好地浸润孔表面，因此被认为是超级电容器的理想材料。[54-58] Frackowiak 等[59] 研究发现，单壁碳纳米管的储能容量大约是多壁碳纳米管储能容量的一半。

第二节 硅纳米管概述

碳纳米管的发现为纳米科学增添了新成员，激励了一维纳米材料的研究。当人们研究碳纳米管时，由于硅与碳处于元素周期表的同一主族，且与当前的硅材料微电子设备的兼容性而有望成为纳米电子设备元件的零维、一维硅纳米材料。硅团簇、硅纳米丝以及硅纳米管都具有量子效应，它们独特的光学、电学特性，可望用于场效应管、传感器等方面。预言、合成、理论研究硅的一维管状结构即硅纳米管成为材料学界的热点论题。[60-66]

一、碳纳米管的结构

单壁碳纳米管可看作是由六边形网格的单层石墨片卷曲而成，随着不同的方向卷曲形成不同性质的碳纳米管。石墨层的六边形网格如图 4-1 所示。图中 $\vec{\alpha_1}$ 和 $\vec{\alpha_2}$ 为石墨平面的单胞基矢。选石墨平面中任意一个碳原子 O 作原点，再选另一个碳原子 A，从 O 到 A 的矢量为 $\vec{C_h} = n\vec{\alpha_1} + m\vec{\alpha_2}$，式中 n、m 为整数。将石墨平面卷曲成一个圆柱，在卷曲过程中使矢量 $\vec{C_h}$ 末端的碳原子 A 与原点上的碳原子 O 重合，然后在石墨圆柱的两端罩上由碳原子组成的半球面，这样就形成了一个封闭的碳纳米管。这样形成的碳纳米管可用 (n, m) 这对整数描写，碳纳米管的结构由这对整数确定。所以，把这对整数称为碳纳米管的指数。图中的 θ 为手性角，是 $\vec{C_h}$ 与 $\vec{\alpha_1}$ 或 $\vec{\alpha_2}$ 夹角中最小的角。当 $n = m$ 时即手性角 $\theta = 30°$ 时成为扶手椅管（armchair tube）；当 $m = 0$ 时，即手性角 $\theta = 0°$ 时成为锯齿管（zigzag tube）；当 $0° < \theta < 30°$ 时，则成为手性管（achiral tube），形状如图 4-2 所示。

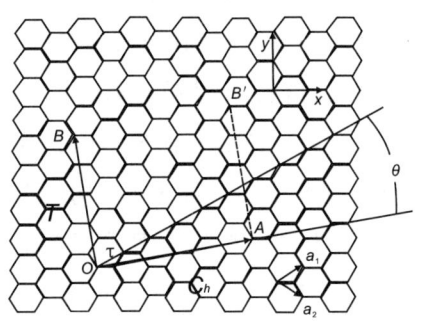

图 4 - 1　石墨层碳原子的六角网状平面结构

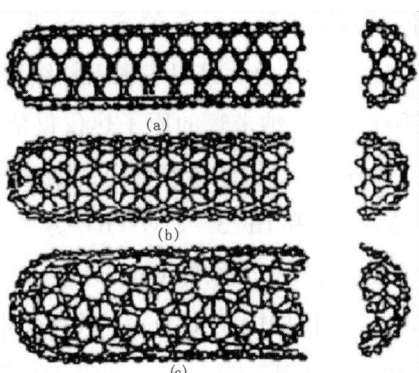

a. 扶手椅型管；b. 锯齿型管；c. 手性管

图 4 - 2　单壁碳纳米管的 3 种结构

二、硅纳米管的结构

目前，人们对于硅纳米管的理论研究主要采用以下 3 种模型：碳纳米管型（CNT - liked）的硅纳米管、碳纳米管形氢化硅纳米管、掺杂棱柱形硅纳米管。

1. 碳纳米管型硅纳米管的结构和性能

Fagan[67]等人利用密度泛函的从头算方法研究了如图 4 - 2 状的硅纳米管，我们将其命名为碳纳米管状的硅纳米管，记作碳纳米管型硅纳米管。得出了单壁硅纳米管的电子性质和相应的碳纳米管相类似，能隙与管的直径成反比，当变为平面的石墨烯结构时，能隙为零。它们的金属性或半导体性依赖于手性和管直径，扶手椅型的金属性特别明显。Zhang[68]等人用密度泛函的 B3LYP 杂化函数计算了扶手椅型 (3，3) 和锯齿型 (5，0)、(6，0) 这 3 种硅纳米管。结果显示，(3，3) 是 D_{3h} 对称，类似于理想的扶手椅型结构。C_{5v} 对称的 (5，0) 和 C_{6v} 对称的 (6，0) 硅纳米管都有皱褶，与理论上得到的磷纳米管相似。由于 Pz 轨道迭代的影响和 π 键的移位，和锯齿型相比，扶手椅型硅纳米管是更稳定结构。这 3 种类型的硅纳米管都是金属性的，与手性无关。还提出了提高手性型硅纳米管稳定性的 2 种新方法：一种是在硅纳米管里掺杂其他原子（如 C、B、N 等），另一种是过渡金属内嵌在硅纳米管里。Barnard[69]等人系统地研究了 n = 3 ~ 9 扶手椅型和锯齿型硅纳米管。计算的 Si – Si 平均键长为 2.245Å，和 Fagan 计算所得到的 2.245Å 完全吻合。结果表现出硅纳米管的结合能不仅是直径的函数，而且依赖于手性。而硅纳米管的原子热仅仅依赖于纳米管的直径，不依赖于管的结构手性。Zhang[70] 等人用半经验分子轨道的 PM3 方法计算了硅纳米管 $Si_{54}H_{12}$，并用 HF/3 – 21G 和 HF/3 – 21G（d）方法进行了验证。结果表明，若管状结构两端的悬键被正常终止，原理上可形成表面有皱褶的硅纳米管。罗强[71] 等采用密度泛函理论，利用 Materials Studio 软件包中 CASTEP 程序优化了锯齿型（zigzag）（5，0）和扶手椅型（armchair）（5，5）硅纳米管，结果发现硅纳米管化学键移位程度较低，导致其化学键均匀程度要差一些，所以其键长的波动幅度较大。这也引起了碳纳米管和硅纳米管形貌的差异：碳纳米管的表面相对光滑，硅纳米管表面出现了折叠结构。还发现硅纳米管的导电性与手性有关：（5，0）硅纳米管具有明显的金属性，而扶手型纳米管（5，5）硅纳米管具有半导体的导电性。Mahmoud Mirzaei[72] 采用密度泛函理论（DFT）计算研究了具有代表性的（5，5）和（8，0）硅纳米管的硼掺杂（B 掺杂）和氮掺杂（N 掺杂）模型的形成，优化了研究模型，并对其性能进行了评估。结果表明，B 掺杂模型的形成对（5，5）和（8，0）硅纳米管都是优选的，所获得的参数表明所研究的硅纳米管的掺杂模型的性质是不同的。有趣的是，（5，5）烧结物的管状结构可以根据各部分原子化学屏蔽的相似性分成 2 个相似的上部和下部。Kumar[73] 等人采用基于密度泛函理论的第一性原理计算方法，研究了无限大扶手椅型（6，6）硅纳米管的结构、电子和光学性质。研究发现，硅纳米管的结合能为 4.45 电子伏特每原子，而其体材料的结合能为 5.22 电子伏特每原子。（6，6）硅纳米管带隙为 0.18 eV。此外，由于维度的降低，硅纳米管的吸收带相对于体材料向低能量方向移动，位于红外区域。Tong[74] 等人采用数值模拟的方法，比较了硅纳米线和硅纳米管的光收集和吸收特性，同时研究了尺寸参数对硅纳米管光学性能的影响。研究发现，与硅纳米线外径相同的硅纳米管的共振波长明显短于硅纳米丝，硅纳米管的消光和吸收效率峰值略大于硅纳米线，且宽得多。硅纳米管的共振波长几乎随壁厚和外径线性增加，增大外径值可增强硅纳米管的集光能力，其光吸收能力随壁厚和外径的增加而降低。

2. CNT – liked 氢化硅纳米管的结构和性质

此类硅纳米管用氢原子饱和碳纳米管型的硅纳米管的每个硅原子上的悬键。Seifert[75]等人用非正交的密度泛函紧束缚态理论模拟了 $n = 6 \sim 10$ 的扶手椅型和锯齿型氢化硅纳米管。研究时，他们做了一定的限制：一种是将所有的氢原子约束在管子的外表面，称之为 SiH – sf 管；另一种是氢原子被交替限制在管子的内、外表面，称之为 SiH – io 管。结果发现，小直径的 SiH – sf 管和 SiH – io 管是等能的，它们的能隙随着直径和手性变化着，最终达到 SiH 的平面结构能隙，与手性无关，且是半导体性质的，并预言了它们的存在。Ponomarenko[76]等人用分子动力学方法计算了氢化 CNT – liked 硅纳米管。他们得出，扶手椅型和锯齿型的 SiH – io 纳米管中间部分的 Si – Si 平均键长是 2.317Å，锯齿型开口端的平均键长是 2.375Å。最稳定的 SiH – io 扶手椅型 Si 纳米管（6，6）的能量比最稳定的 SiH – io 锯齿型 Si 纳米管（10，0）低 0.99eV。窄的 SiH – sf CNT – liked Si 纳米管比大直径的 SiH – sf CNT – liked Si 纳米管更稳定一些。Guo[77]等人采用密度泛函理论系统地研究了一系列有限和无限氢化硅纳米管。他们发现，通过氢化类富勒烯硅团簇（Si4mH4m）的适当组装可以构建稳定的一维氢化硅纳米管，由大的内聚能和 HOMO – LUMO 能隙证明氢化硅纳米管的稳定性。在他们所研究的硅纳米管中，由 $Si_{20}H_{20}$ 和 $Si_{24}H_{24}$ 构建的硅纳米管是最稳定的，热稳定性分析证实了这种管可以在室温下很好地存在。有限纳米管和无限纳米管都表现出很大的能隙。随着管半径的增加，出现了直接 – 间接 – 直接带隙转变。直接带隙的存在可能使它们成为电子和光电子器件的潜在构件。他们还利用密度泛函理论系统研究了包覆过渡金属原子的一维氢化硅纳米管[78]。氢化硅纳米管的能带结构和磁性能可通过掺杂过渡金属（TM = Cr、Mn、Fe、Co）原子定制。氢化硅纳米管是具有宽带隙的半导体，过渡金属掺杂使氢化硅纳米管变成金属或半导体，具有非常小的间隙，并且在管中心的 TM 原子保持大的磁矩。在掺杂 Mn 的氢化硅纳米管中观察到强半金属性，并且它没有 Peierls 畸变。因此，具有封装磁性元件的氢化硅纳米管可以在自旋电子学器件中找到重要的应用。

3. 内嵌过渡金属的棱柱形硅纳米管

Monon[79]等人用紧束缚态方法的研究表明，掺杂 Ni 的无限五棱柱硅纳米管是稳定的，因为每个内嵌的 Ni 原子的磁矩是钝化的而几乎不具有磁性。Andriotis[80]等人研究得出，在五棱柱里封装 V 是稳定的，很窄的能隙体现了其金属性并具有磁性。Singh[81]等人研究了有限的和无限的掺杂 Be 的六棱柱硅纳米管。他们发现，无论是有限的还是无限的掺杂 Be 的硅纳米管都是稳定结构。有限的掺 Be 的 Si 纳米管是半导体性，而无限的却是金属性。Singh[6]等人研究了有限的和无限的棱柱硅纳米管里封装过渡金属 Mn、Co、Fe 和 Ni 的稳定性。结果发现，掺杂 Co 的六棱柱 Si 纳米管发生了严重的变形，且磁矩很低；掺 Ni 的六棱柱 Si 纳米管不是能量最低的构型；掺 Fe 和 Mn 的有限和无限六棱柱 Si 纳米管是稳定结构，而且是金属性的。封装 Fe 的 Si 纳米管是铁磁性的，封装 Mn 的 Si 纳米管是反铁磁性的，因为 Mn 原子上有很大的磁矩，它的铁磁性可以通过弱磁场得到。Hiura[82]等人采用第一性原理研究了规则六棱柱型 Si 纳米管里封装 1 个 W 原子，发现这个二元体系是最稳定的几何构型。Jang[83]等采用定域基计算方法，研究了无限长六棱柱型掺杂磁性过渡金属硅纳米管（$Si_{12}M_n$，$M =$ Fe，Co，Ni；$n =$ 1，2）的磁性。与 $n =$ 的情况相比，$n = 2$ 的情况下，自旋向下（自旋向上）电子的减少（增加）导致磁矩的增加。计算得出，硅纳米管中掺杂的 Fe 的磁矩（$2.39\mu B$）大于块体磁矩（$2.22\mu B$），也大于有限长纳米管的磁矩（$1.7\mu B$）。对于掺杂在管中的 Co 和 Ni 原子，磁矩小于对应的块体磁矩。与纯硅纳米管相比，六棱柱的 Si – Si 键长降低，但是不依赖掺杂的原子。过渡金属和 Si 原子之间的距离随着过渡金属原子数的增加而减小，这与过渡金属原子的原子半径的趋势相同。说明过渡金属原子的掺杂提高了硅纳米管的热力学稳定性。

三、硅纳米管的制备

1. 多级模板法结合化学气相沉积法

北京大学的 Mu[84]等人用多级模板法结合化学气相沉积法制备了有序度比较高的、可控孔直径、长度和管壁厚度的硅纳米管阵列。这个方法分为 3 步：第一步制备有关的环形纳米通道模板。环形纳米通道模板被放置在氧化铝坩埚中，坩埚位于氧化铝管子的中心。在压力低于 10^{-2}Torr 撤除氧化铝管子后，氩气以流速 100s 注入其中，气压保持在 1.0kPa。第二步是生长硅纳米管。在生长过程中，硅烷气体以流速 10s 被引入反应管 20min 后，在 600℃ 的条件下保温 2h。第三步，释放硅纳米管。氧化镍核心和氧化铝阳极隔膜（AAO）被化学溶解在 1M NaOH 30min 和 1M HCl 10~25h 来释放硅纳米管。他们发现，所得到的纳米管阵列具有场效应性质。

2. 水热法

唐元洪教授[85]首次使用水热法制备了自组生长的硅纳米管。以 SiO_2 为原料，在未加入催化剂及使用模板的前提下，采用水热法于 470℃，618MPa 的条件下保温 2h 成功合成了表面光滑、直径分布为 8~20nm 的自组生长的多壁硅纳米管。硅纳米管中没有催化剂颗粒，其头部为近似半圆形的闭合结构，由 3 部分组成：内部为数纳米的中空结构；中部为晶体硅管壁结构，壁厚一般不大于 5nm；最外层为厚度小于 2nm 的无定形二氧化硅外层。初步研究认为，高压下的水热溶液对硅纳米管的形成和生长起到了重要的催化作用。自组生长的硅纳米管为将来制造纳米器件提供了一种全新的硅纳米材料。

3. 等离子体法

Crescenzi[86]等人用直流电弧等离子体法制备了硅纳米管。这个反应堆是在充满氩、气压稍微低于大气压的容器内操作的。此容器由水冷凝的 2 层的不锈钢容器组成，覆盖在石墨基片上的水冷凝的硅粉末被用作阳极，电极间持续供应电流为 75A 的直流电。此过程没有用到任何的金属催化剂。投射电子显微镜显示反应，产品由球形的团簇和管状结构按照 10∶1 组成。硅纳米管有几种不同的直径（≥5nm），他们得到的硅纳米管的平均直径大约为 7nm，长度合起来有几百纳米，大部分没有被氧化。他们得出的硅纳米管外形有多种：直的、任意的、编成辫子的和 T 型的。Nadezda[87]等提出了在室温下，通过水蒸气诱导嵌段共聚物（BCP）自组装机制，以环形胶束模式制备垂直硅纳米管阵列。聚苯乙烯－b－聚（环氧乙烷）（PS－b－PEO）BCP 系统可以在 PS－OH 改性基材上以一种简便的方式自组装成环形胶束结构（直径：400～600 nm）。研究发现，环面自组装需要最小的 PS－b－PEO 厚度为～86 nm。此外，在室温条件下（25℃，60min）进行水蒸气退火处理可大大提高胶束结构的有序度。液相渗透过程用于生成铁和氧化镍纳米环阵列。这些氧化物结构被用作模板，通过等离子体蚀刻将图案转移到下面的硅基板中，从而形成大面积的 3D 硅纳米管阵列。

四、硅纳米管潜在的应用价值

1. 量子计算机的存储元件

Monon[79]等人用紧束缚态分子动力学预言的内嵌 Ni 的硅纳米中的 Ni 链的自旋状态里可存储 1bit 的信息，而且自旋也可被中断，进入线性域。由于此性质，封装 Ni 链的硅纳米管可望用于量子计算机。

2. 纳米导线

Ni：Si＝1：5 的封装 Ni 的稳定硅纳米管[18]的直径只有 4.53Å，此值比大多数纯碳纳米管的直径小一些。它可能作为最佳超微导线，有望用于纳米级电子线路。

3. 自旋电子和纳米尺寸磁性器件

Andriotis[80]等人研究的封装 V 的五棱柱硅纳米管由于每个 V 原子有 $0.67\mu B$ 的磁矩而具有磁性。Singh[6]等人研究得到封装 Fe 的 Si 纳米管是铁磁性的，封装 Mn 的 Si 纳米管是反铁磁性的，因为 Mn 原子上有很大的磁矩，它的铁磁性可以通过弱磁场得到。因此它们成为迷人的纳米尺寸的磁铁，可望用于自旋和其他纳米尺寸的磁性设备。

4. 集成光电器件

Jeong[88]等人研究了他们用模板法合成的硅纳米管的光致发光特性，其主要集中在 600nm。Hu[89]等人测得他们用 ZnO 作为模板获得的立方单晶结构的硅纳米管的电致发光主峰在450nm附近。诸如此类的事例体现了硅纳米管在未来的纳米光电器件领域广阔的应用前景。

5. 场发射器材

Mu[84]等人得到的纳米管阵列具有场效应性质，并测量了它们的场效应性质，硅纳米管阵列的开启场和阈值场大约是5.1eV/μm和7.3eV/μm。这些结果是目前所报道的通用密度硅场发射材料技术的最低值，有望用于场发射器件。Ambika[90]采用三维数值模拟方法研究了工艺变化对无结硅纳米管场效应晶体管（JLSiNT – FET）性能参数的影响。针对不同的物理因素，采用了性能指标、ON电流、OFF电流和单位增益频率，计算了各点物理因子的灵敏度。采用2级全因子设计的实验方法，对各种性能指标的结构参数进行排序。综合排序发现，硅管外径是最敏感参数，硅管内径是最不敏感参数。

6. 锂电池负极材料

Wang[91]等人采用生命周期评估方法评估2个电池组的环境影响，2个电池组的容量相同，可为中型电动汽车（EV）供电。2种电池组以锂镍锰钴氧化物（$LiNi_1/3Mn1/3Co1/3O_2$，NMC）为正极，负极分别用硅纳米丝和硅纳米管。结果表明，为了获得相同的容量，以硅纳米线为负极的锂电池比以硅纳米管为负极的锂电池更消耗材料，对环境影响更大。Yan[92]等人计算了硅纳米管（7，0）吸附锂、钠、钾原子/离子的吉布斯自由能和电池电压值。结果表明，锂离子电池的Vcell值高于钠离子和钾离子电池，硅纳米管（7，0）上附着的金属氧化物（TiO和RuO_2）提高了锂、钠、钾离子电池的电池容量，建议将RuO_2 – 硅纳米管（7，0）作为锂离子、钠离子和钾离子电池的电极，以提高最高的电池容量值。

由于硅纳米管的每个硅原子都有1个悬键，因此它是未来很好的气体、有机物的吸附剂。硅纳米管还可用于医药、分子开关、传感器等其他领域。

第三节　过渡金属 Cd 掺杂棱柱型
硅纳米管的理论研究

硅是现代电子工业主要半导体原料，它的一维纳米材料同样也具有半导体性能，容易与现有的硅工业制备工艺兼容，是一种在集成电路新领域极有应用前景的新型材料。近些年，硅的一维纳米结构成为研究热点，成功地制备出硅纳米线等一维纳米材料。[2-4] 但是硅由于 sp^3 杂化，且其化学活性强于碳，纯硅中空团簇及硅纳米管没有对应的碳纳米材料稳定。提高稳定性的可行性办法就是将金属原子作为寄宿原子进行掺杂。

Cd 元素处于元素周期表第五周期第 IIB 主族，它的最外层电子排布为 $4d^{10}$ $5s^2$，每个电子轨道都充满电子，但是它最外层的电子数很多，掺杂在硅纳米管中有可能这些最外层电子都参与其中，所以选择 Cd 作为寄宿原子。

一、计算方法

本文采用的是基于局域自旋密度近似（LSDA）的 B3LYP 杂化能量密度泛函。考虑重过渡金属引起的双电子积分引起的计算困难，选择使用 LanL2DZ 基函数组。

本工作使用 Gaussian 09 程序包进行计算。对无限长和有限长棱柱型封装过渡金属 Cd 的硅纳米管进行了几何结构优化，优化时考虑了体系的自旋多重度。优化时，无限长的模型是参照 Monon[79] 和 Singh[6] 在文献中采用的方法，即在硅纳米管两端的每个原子上加 1 个氢原子模拟无限长硅纳米管。考虑到计算时间，掺杂 Cd 的硅纳米管进行优化时取最短的长度。为了比较 Cd 的掺杂对不同棱柱硅纳米管的影响，选择掺入相同的 Cd 原子数，即都选择了掺杂 3 个 Cd 原子。

优化过程中以振动频率为判断依据。若振动频率为正，说明该结构是势能面上的局域最小点，为稳定结构；若频率有1个负值，即有1个虚频，说明该结构是过渡态，继续优化，直到无虚频；若虚频多于1个，说明该结构不稳定，放弃该结构。稳定结构中取能量最低的作为体系的最低能结构。本文所讨论的结构均为稳定结构，并讨论了体系最低能结构的电子性质。

二、结果与讨论

1. 几何构型

用密度泛函理论无限制的B3LYP函数的LanL2DZ基组对无限长四棱柱和五棱柱型封装过渡金属Cd的硅纳米管和有限长的四棱柱、五棱柱、六棱柱和七棱柱4种封装过渡金属Cd的硅纳米管结构进行了几何优化，结果见图4-1。图中括号中的数字表示该体系的自旋多重度。它们的自旋多重度、点群对称性、电子态、总能量和平均束缚能列在表4-1中。

有限长四棱柱型掺杂Cd硅纳米管初始构型是8个Si原子组成的正方体中心有1个Cd原子，然后重复3个周期，因此由16个硅原子和3个Cd原子组成，用$Si_{16}Cd_3$表示。无限长四棱柱型掺杂Cd硅纳米管则是在有限长管子的两端分别用4个氢原子终止长度，因此它比有限长掺杂硅纳米管多8个氢原子，用$Si_{16}Cd_3H_8$表示。

优化结果表明，有限长四棱柱Cd掺杂硅纳米管只有自旋单重态是稳定的，因此选它为最低能结构。从图4-3中可发现，有限长Cd掺杂硅纳米管基本保持了四棱柱形状，只不过在第二周期处，在径向方向每个Si原子的间距增大，因此整个结构看起来像一只橄榄球。无限长Cd掺杂硅纳米管自旋单重态、三重态和五重态都是稳定结构，它们的总能量分别为-210.444Hartree、-210.416 Hartree和 -210.382 Hartree。可明显看出自旋单重态的能量最低，因此$Si_{16}Cd_3H_8$（1）（图4-3）被选作最低能结构。它几乎保持了初始形状，是比较规则的四棱柱，只不过两端的氢原子到轴心的距离明显比初始结构距离变大。

有限长五棱柱型Cd掺杂硅纳米管的初始构型则是用25个Si原子形成五棱柱，然后在其中心掺入Cd原子，用$Si_{25}Cd_3$表示；无限长则是在无限长的Si原子两端上分别加 1 个氢原子构成，用 $Si_{25}Cd_3H_{10}$ 表示，优化结果见图 4-1。有限长五棱柱型 Cd 掺杂硅纳米管自旋三重态和自旋五重态是稳定的，但是二者都发生了严重的畸变：三重态的几乎变成了 W 形状，Si 原子有聚焦在一起的趋势，3 个原本在一条直线上的 Cd 原子已经变形得不在一条直线上；自旋五重态的则好像初始的棱柱状管子沿轴向方向的 Si 原子集中在一起，但是 3 个 Cd 原子还在一条线上。由于自旋三重态的总能量比自旋五重态低，按照能量越低体系越稳定的规律，有限长五棱柱型 Cd 掺杂硅纳米管的自旋三重态被选作最低能结构，它的对称性 C_s，电子态为 $^3A'$。

无限长五棱柱型 Cd 掺杂硅纳米管的优化结果也是畸变得厉害（图 4-3）。自旋单重态已经变得像一个六边形的镜子放在一个 W 型的底座上，3 个 Cd 原子由直线变成曲线，两边的 Cd 原子好像是六边形的 2 个顶点，中间的 Cd 原子是六边形的中心。而自旋五重态畸变得像一束满天星，已经无规律可描述。自旋单重态的总能量为 -242.618Hartree，自旋五重态的总能量为 -242.495Hartree。显然，自旋单重态的能量比五重态的要低，因此它被选作最低能结构，它的电子态为 $^1A_1$，是 C_{2v} 对称。

六棱柱的初始构型是由 6 个六边形组成的棱柱，由于五棱柱畸变严重，因此在六边形时掺杂了不同数目的 Cd 原子。首先掺杂了 3 个原子进行优化，优化结果显示，自旋单重态和自旋五重态都是稳定结构，自旋三重态没有稳定结构。从图 4-3 可看出，自旋单重态基本保持了管状结构，只是发生了稍微的形变。管的两端径向距离变小使得 $Si_{36}Cd_3$ 硅纳米管变成了类似橄榄球状的结构，3 个 Cd 原子位于其中心轴处。而自旋五重态的 $Si_{36}Cd_3$ 硅纳米管则保持着规则的六棱柱管状结构，3 个 Cd 原子沿轴向处于 $Si_{36}Cd_3$ 纳米管中心处。从表 4-1 所得到的总能量可知，自旋单重态的能量低于自旋五重态，因此自旋单重态的 $Si_{36}Cd_3$ 纳米管被选作最低能结构，这也符合规则形状不稳定的规律。其电子态为 ^1AG，D_{2H} 对称。

考虑了四棱柱和六棱柱掺杂 3 个 Cd 原子得到的稳定结构呈橄榄球状后，$Si_{36}Cd_3$ 纳米管增加了 2 个 Cd 原子，使掺杂的原子超出管子两端，用 $Si_{36}Cd_5$ 表示。结果优化后发现，只有电子五重态的是稳定结构，被选作七棱柱 Cd 掺杂硅纳米管的最低能结构。这个结构保持了六棱柱的框架，像一串糖葫芦。它的电子态为 $^1A_1$，具有 C_{2v} 对称。

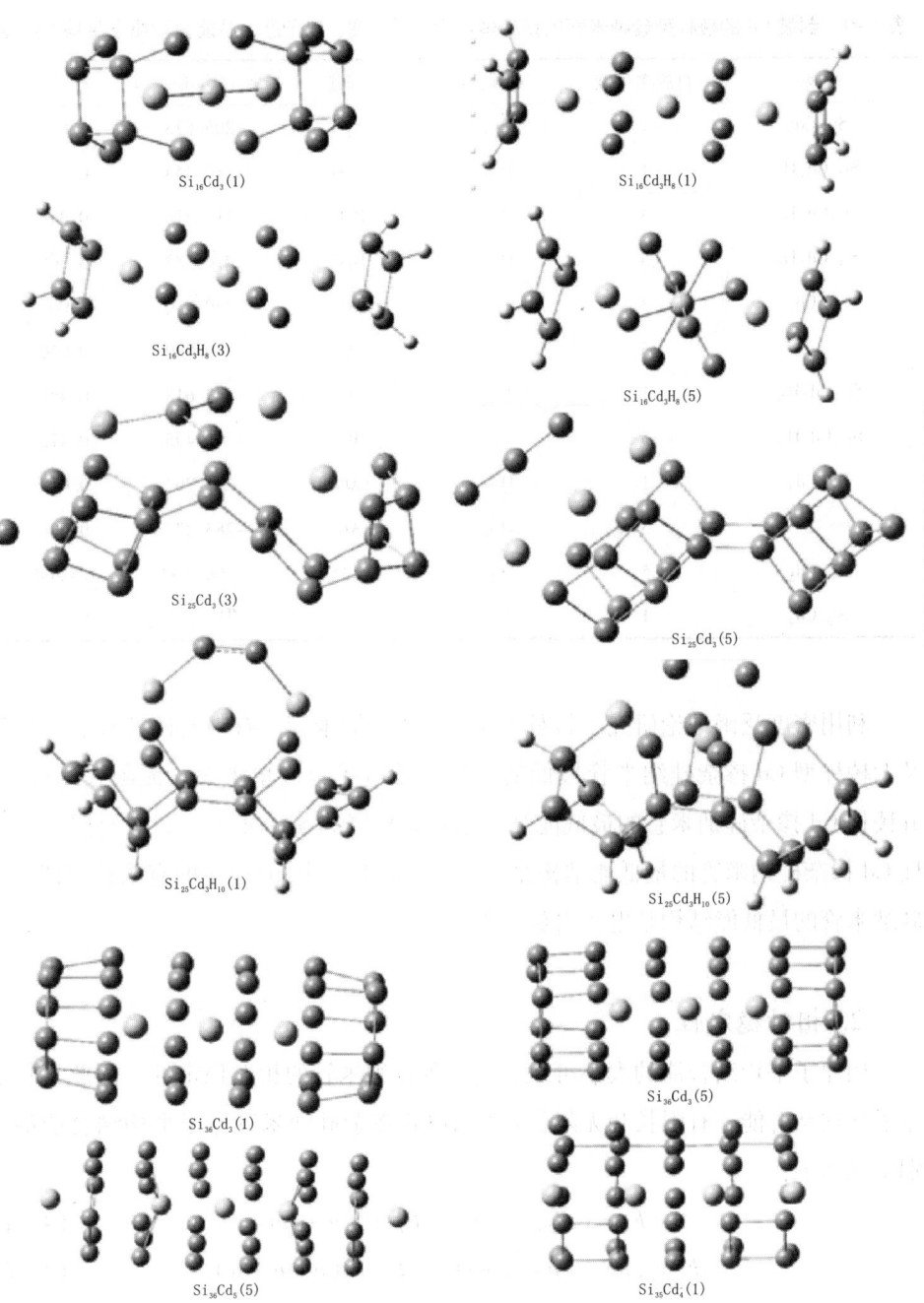

图 4-3　过渡金属掺杂硅纳米管的稳定构型

（括号中的数字表示其电子自旋多重度）

表 4-1 封装 Cd 的棱柱型硅纳米管的自旋多重度、对称性、电子态、总能量和原子平均束缚能

体系	自旋多重度	对称性	电子态	E_{tol}/Hartree	E_b/eV
$Si_{16}Cd_3$	1	D_{4H}	^1A_1G	−205.673	1.605
$Si_{16}Cd_3H_8$	1	D_{4H}	^1A_1G	−210.444	0.425
$Si_{16}Cd_3H_8$	3	D_{4H}	^3B_1G	−210.416	0.399
$Si_{16}Cd_3H_8$	5	D_{4H}	^5B_1G	−210.382	0.365
$Si_{25}Cd_3$	3	CS	$^3A'$	−240.830	0.062
	5	CS	$^5A'$	−240.829	0.060
$Si_{25}Cd_3H_{10}$	1	C_{2v}	$^1A_1$	−242.618	0.486
$Si_{25}Cd_3H_{10}$	5	C_{2v}	$^5B_1$	−242.495	0.472
$Si_{36}Cd_3$	1	D_{2H}	^1AG	−283.262	0.018
	5	D_{2H}	^5AG	−283.227	0.006
$Si_{36}Cd_5$	5	D_{2H}	5−AG	−379.3544	0.0260
$Si_{35}Cd_4$	1	C_{2v}	$^1A_1$	−327.505	0.035

利用密度泛函理论研究了棱柱型 Cd 掺杂硅纳米管。有限长四棱柱、六棱柱及七棱柱型 Cd 掺杂硅纳米管最低能结构都是电子自旋单重态,无限长四棱柱、五棱柱 Cd 掺杂硅纳米管的最低能结构也都是电子自旋单重态,只有有限长五棱柱 Cd 掺杂硅纳米管的最低能结构是三重态,掺杂 5 个 Cd 原子的有限长六棱柱型硅纳米管的最低能结构是电子自旋五重态。

2. 相对稳定性

用原子平均结合能的大小可比较这 2 种硅纳米管的相对稳定性,因此计算了原子平均结合能。有限长和无限长棱柱型 Cd 掺杂硅纳米管原子平均结合能的分别定义如下:

$$E_b = (nE_{Si} + mE_{Cd} - E_{tol})/(n+m) \qquad (4-1)$$

$$E_b = (nE_{Si} + mE_{Cd} + xE_H - E_{tol})/(n+m+x) \qquad (4-2)$$

其中,n,m,x 分别表示组成硅纳米管的 Si、Cd 和 H 原子的个数,E_{tol}、E_{Si}、E_{Cd} 和 E_H 分别表示硅纳米管的总能量和 Si 原子、Cd 原子及 H 原子的单点能。从计算结果可知(表 4-1),无限长四棱柱型封装 Cd 的硅纳米管单重态的

原子平均结合能最大，说明它是最稳定的结构，这个和由总能量得到的结论相同。同理，五棱柱型的也得到和总能量相同的结论。并且无限长四棱柱型 Cd – Si 纳米管最低能结构的原子平均结合能是 0.425 eV，而无限长五棱柱型 Cd – Si 纳米管最低能结构的原子平均结合能为 0.486eV，说明无限长四棱柱型 Cd – Si 纳米管比相应的五棱柱型的要稳定，这个也符合结构的对称性越高，体系的稳定性越差的结论。

表 4 – 2　棱柱型 Cd 硅纳米管最低能结构中的铌原子 Mulliken 电荷布局

体系	Spin	Mulliken Atomic Charges					
		Sum	Cd_1	Cd_2	Cd_3	Cd_4	Cd_5
$Si_{16}Cd_3$	1	0.000	0.085	0.292	0.085		
$Si_{25}Cd_3$	3	0.000	0.440	0.002	0.454		
$Si_{36}Cd_3$	1	0.000	0.215	0.102	0.215		
$Si_{36}Cd_5$	5	0.000	0.211	0.186	0.227	0.186	0.211
$Si_{35}Cd_4$	1	0.000	0.348	0.273	0.273	0.348	
$Si_{16}Cd_3H_8$	1	0.000	0.070	– 0.178	0.070		
$Si_{25}Cd_3H_{10}$	1	0.000	0.130	0.615	0.130		

3. Mulliken 原子电荷净布局分析

各棱柱型 Cd – Si 纳米管最低能结构中铌原子的 Mulliken 电荷布局如表 4 – 2 所示。从表中可以看出，有限长棱柱型 Cd – Si 纳米管和无限长五棱柱 Cd – Si 纳米管最低能结构中的铌原子的 Mulliken 电荷为正值，说明电荷由 Cd 原子转向 Si 原子，即 Cd 原子是电荷的施体，硅原子是电荷的受体，符合正常电荷转移的规律。有趣的是，无限长四棱柱型 Cd – Si 纳米管中两端的 Cd 原子 Mulliken 净布局为正，即电荷是由 Cd 原子转移向 Si 原子的，也就是说 Cd 原子是电荷的施体；中间的 Cd 原子 Mulliken 净布局为负，说明电荷是由 Si 原子向 Cd 原子转移的，也就是说 Cd 原子充当了电荷的受体，即出现了电子反转。在同一结构中，Cd 原子的位置不同，电荷转移的方向不同。说明在该类型硅纳米管中，长度改变了管中间掺杂的 Cd 原子的电子性质。这一点与有限长四棱柱型 Cd 硅纳米管最低能结构中的铌原子的 Mulliken 电荷净布局的结论截然不同。另外，所有棱柱型 Cd 硅纳米管的总电荷为零，说明整体都呈现中性。

4. HOMO – LUMO 能隙

在 UB3LYP/LanL2DZ 水平下计算了棱柱型 Cd – Si 纳米管的 HOMO、LUMO 和 HOMO – LUMO 能隙，计算结果见表 4 – 3。由计算的结果可得出，所有的棱柱型 Cd – Si 纳米管的 HOMO 和 LUMO 都是负值，最高占据轨道的能级（HOMO）反映分子失去电子能力的强弱，按 Koopmanns 定理，HOMO 能级的负值代表该物质的第一电离能，HOMO 能级越高，电离能越低，该分子越易失去电子；而 LUMO 即最低未占据轨道的能级在数值上与分子的电子亲和势相当，LUMO 能级越低，该分子越易得到电子；最高已占据轨道的能级与最低未占据轨道的能级的差异很小，前线电子很容易从最高已占据轨道跃迁到最低未占据轨道上，也就是说它们的化学活性比较强。从表 4 – 3 中可知，无限长四棱柱 Cd – Si 纳米管的 HO-MO – LUMO 能隙大于无限长五棱柱 Cd – Si 纳米管的相应值，说明无限长四棱柱 Cd – Si 纳米管（$Si_{16}Cd_3H_8$）的化学稳定性强于无限长五棱柱 Cd – Si 纳米管。

表 4 – 3 棱柱型 Cd – Si 纳米管的 HOMO（单位：Hartree）、
LUMO（单位：Hartree）、HOMO – LUMO 能隙（E_{gap}）（单位：eV）和
DM（偶极矩）（单位：Debye）

体系	自旋多重度	对称性	电子态	HOMO	LUMO	E_{gap}	偶极矩
$Si_{16}Cd_3H_8$	1	D_{4H}	^1A_1G	− 0.197	− 0.145	1.415	0.00
$Si_{25}Cd_3H_{10}$	1	C_{2v}	$^1A_1$	− 0.167	− 0.140	0.735	2.08
$Si_{16}Cd_3$	1	D_{4H}	^1A_1G	− 0.176	− 0.171	0.136	0.000
$Si_{25}Cd_3$	3	Cs	$^3A'$	− 0.191	− 0.150	1.116	5.163
$Si_{36}Cd_3$	1	D_{2H}	^1AG	− 0.198	− 0.172	0.707	4.390
$Si_{36}Cd_5$	5	D_{2H}	^5AG	− 0.180	− 0.161	0.517	4.783
$Si_{35}Cd_4$	1	C_{2v}	$^1A_1$	− 0.199	− 0.159	1.090	0.601

有限长棱柱型纳米管中四棱柱、五棱柱、六棱柱和七棱柱掺杂过渡金属 Cd

硅纳米管的 HOMO - LUMO 能隙分别为 0.136eV、1.116eV、0.707eV、0.5173eV 和 1.090eV。这些数据告诉人们，有限长五棱柱 Cd - Si 纳米管的能隙最大，说明它的化学稳定性最强；四棱柱的能隙最小，说明它的化学活性最强。

房晓勇[93]在他编著的《固体物理》书中指出，物体导电性能与能隙的关系为：半导体的满带和禁带的能隙为 0.1 ~ 1.5eV，绝缘体的满带和禁带的能隙为 3 ~ 6eV。有限长四棱柱、五棱柱、六棱柱和七棱柱 Cd - Si 纳米管和无限长四棱柱与五棱柱 Cd - Si 纳米管的能隙都小于 1.5eV，因此它们都具有半导体特性。

5. 电偶极矩

在 UB3LYP/LanL2DZ 水平下计算了棱柱型 Cd - Si 纳米管最低能结构的电偶极距，计算结果列在表 4 - 3 中。由计算得到的无限长棱柱型 Cd - Si 纳米管最低能结构的电偶极矩可知，自旋单重态的四棱柱型 Cd - Si 纳米管最低能结构的总电偶极距为零，说明它是非极性分子，同时也说明了它的结构对称性很高。当把它放在电场中时，出现位移极化。而自旋单重态的无限长五棱柱型 Cd - Si 纳米管的电偶极矩为 2.084 Debye，说明它是极性的，且它的结构没有四棱柱型的结构对称性高，这个结论与计算的原子平均结合能的结论相吻合。当把它放入电场中时，出现的是趋向极化。

由计算得到的有限长棱柱型 Cd - Si 纳米管最低能结构的电偶极矩可知，四棱柱 Cd 硅纳米管的总电偶极距为零，说明此结构为非极性分子；五棱柱、2 个掺杂不同 Cd 原子数的六棱柱以及七棱柱形的硅纳米管的总电偶极距分别为 5.163Debye、4.3902Debye、4.7833Debye、0.6014 Debye，说明它们是极性分子。

三、总结

运用密度泛函理论的 UB3LYP/LanL2DZ 方法研究了有限长和无限长掺杂 Cd 的棱柱型硅纳米管，并讨论了它们的总能量、原子平均结合能、Mulliken 原子净布局、HOMO - LUMO 能隙以及电偶极距。计算结果表明：

1) 有限长四棱柱、六棱柱和七棱柱 Cd 硅纳米管基本保持了管状结构，只是四棱柱型 Cd - Si 纳米管稍微有点畸变，呈纺锤状。五棱柱型 Cd - Si 纳米管畸变比较严重，已经失去管状结构。对六棱柱 Cd – Si 纳米管的研究发现，在其轴向上无论是掺杂 3 个还是掺杂 5 个 Cd，棱柱型 Cd – Si 纳米管均能保持管状结构。由于四棱柱型 Cd 硅纳米管的原子平均结合能最大，它是这 4 种棱柱型 Cd 硅纳米管中热力学稳定性最强的。四棱柱、六棱柱和七棱柱型 Cd 硅纳米管的最稳定结构都是单重态。

研究了无限长四棱柱和五棱柱型 Cd 掺杂的硅纳米管，结果发现四棱柱型 Cd 硅纳米管基本保持管状结构，而相应的五棱柱型的则发生严重畸变。它们的最低能结构都是自旋单重态。

2）有限长棱柱型 Cd – Si 纳米管电荷布局的研究结果表明，有限长五棱柱、六棱柱和七棱柱型 Cd – Si 纳米管以及无限长五棱柱 Cd – Si 纳米管最低能结构中的铌原子的 Mulliken 电荷为正值，说明电荷由 Cd 原子转向 Si 原子，即就是说 Cd 原子是电荷的施体，硅原子是电荷的受体，符合电荷转移的正常规律。但是在无限长四棱柱型 Cd – Si 纳米管掺杂的 Cd 原子处的位置不同，电荷转移不同。轴向掺杂的 Cd 原子处于两端的 Cd 原子的电荷转移符合电荷转移的正常规律，但是处于中间的 Cd 原子的电荷为负，说明电荷从硅原子转移到 Cd 原子，出现了电荷反转现象。

3）有限长和无限长棱柱型 Cd – Si 纳米管的 HOMO – LUMO 能隙的研究结果表明，所有的 Cd – Si 纳米管都是良好的半导体性的，有望用于纳米电子元件的组装材料。有限长五棱柱 Cd 硅纳米管 HOMO – LUMO 能隙最大，说明它的化学活性最强，而四棱柱型 Cd 硅纳米管的 HOMO – LUMO 能隙最小，说明它的化学稳定性最强，不易和其他物质发生化学反应。无限长四棱柱 Cd – Si 纳米管的化学稳定性强于无限长五棱柱型 Cd – Si 纳米管。无限长四棱柱 Cd – Si 纳米管是所研究的所有掺杂硅纳米管中化学稳定性最强的。

4）通过计算可知，无论是有限长还是无限长的四棱柱型 Cd 硅纳米管均是非极性，所计算的五棱柱、六棱柱和七棱柱型 Cd 硅纳米管是极性，且有限长五棱柱 Cd 硅纳米管的极性最强。

第四节　有限长过渡金属 Zn 掺杂棱柱型
硅纳米管的理论研究

由于 Zn 与 Cd 同处在 IIB 族，Zn 与 Cd 相比，Zn 的最外层电子少 1 层，即 Cd 的最外层电子是 $4d_{10}5S_2$。Zn 的最外层电子排布是 $3d_{10}4S_2$，前一节研究了棱柱 Cd 掺杂硅纳米管的结构和电子性质，但是本质没有找出，因此这部分研究 Zn 掺杂棱柱型硅纳米管，意在找出规律或找到本质。

一、几何结构和相对稳定性

利用密度泛函理论在 UB3LYP/LanL2DZ 水平下优化了有限长掺杂 Zn 的四棱柱和六棱柱型硅纳米管的几何结构，优化得到的最低结构见图 4-3，计算的总能量与原子平均结合能见表 4-1。

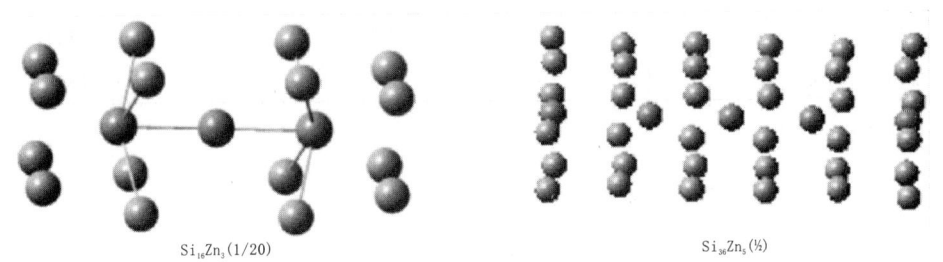

$Si_{16}Zn_3(1/20)$ 　　　　　　　$Si_{36}Zn_5(½)$

图 4-4　有限长棱柱型 Zn 硅纳米管的稳定构型

从图中可看出，有限长四棱柱 Zn 硅纳米管基本保持了棱柱型 Cd 硅纳米管的构型，也是最中间的 8 个 Si 原子在径向方向拉开了距离，整个形状呈纺锤型；五棱柱型 Zn 硅纳米管也保持了 Cd 硅纳米管的五棱柱构型，只不过 Cd 硅纳米管

（$Si_{36}Cd_5$）最低能结构是电子自旋五重态，而 Zn 硅纳米管的最低能态是电子自旋单重态。因此，可确定地说，对于掺杂的 IIB 族棱柱型硅纳米管的最低能结构保持相同框架，与 IIB 族原子的最外层电子的层数无关。

四棱柱和六棱柱 Zn 硅纳米管的原子数目不同，即使知道它们的总能量也无法判断它们的相对稳定性，因此按照下面的公式计算了棱柱型 Zn 硅纳米管的平均结合能。

$$E_b = (nE_{Si} + mE_{Zn} - E_{tol})/(n + m) \qquad (4-1)$$

其中，n，m 分别表示组成硅纳米管的 Si 和 Zn 原子的个数，E_{tol}，E_{Si} 和 E_{Zn} 分别表示硅纳米管的总能量、Si 原子的单点能和 Zn 原子的单点能。计算的结果从表 4-3 中可以看出，有限长四棱柱 Zn 硅纳米管的原子（$Si_{16}Zn_3$）平均结合能为 0.362eV，有限长六棱柱型 Zn 硅纳米管（$Si_{36}Zn_5$）的平均结合能为 0.089eV。由于有限长六棱柱锌硅纳米管的平均结合能小于有限长四棱柱锌硅纳米管的平均结合能，说明有限长四棱柱型 Zn 硅纳米管热力学稳定性强于有限长六棱柱型 Zn 硅纳米管。这一结果与无限长棱柱型 Zn 硅纳米管（见表 4-4）的结论相反。

表 4-4　总能量以及原子平均结合能以及电子态[94]

体系	自旋多重度	对称性	电子态	$E_{tol}/Hartree$	E_b/eV
$Si_{16}Zn_3$	1	D_{4H}	^1A_1G	258.2973	0.3621
$Si_{36}Zn_5$	1	D_{2H}	^1AG	467.1116	0.0885
$Si_{16}Zn_3H_{8a)}$	1	D_{4H}	^1A_1G	263.0399	0.4716
$Si_{36}Zn_5H_{12a)}$	5	D_{2H}	^5AU	474.2627	0.6555

见参考文献［94］

二、Mulliken 原子净布局分析

表 4-5 给出了有限长棱柱型 Zn 硅纳米管的 Mulliken 原子净布局。由计算结果可知，有限长六棱柱型 Zn 硅纳米管的 Zn 原子的 Mulliken 原子净布局为负，说明电荷是从 Si 原子向 Zn 原子转移，即 Si 原子是电荷的施体，而 Zn 为电荷的受体，说明在有限长六棱柱型 Zn 硅纳米管中出现了电荷反转，这与无限长六棱柱

Zn 硅纳米管结论相同，与前一节研究的有限长六棱柱型 Cd 硅纳米管的结论相反。有限长四棱柱型 Zn 硅纳米管中两端 Zn 原子的 Mulliken 原子净布局为负，说明电荷是从 Si 原子向 Zn 原子转移的，即 Si 原子是电荷的施体，Zn 原子为电荷的受体，出现电荷反转；中间的为正，说明电荷是从 Zn 原子向 Si 原子转移的，Zn 为电荷施体，Si 原子为电荷的受体，符合电荷常规转移规律。这一结论与无限长四棱柱型 Zn 硅纳米管的结论不同[94]（见表4.3.2），与有限长四棱柱型 Cd 硅纳米管表4-2结论也不同。

表4-5　棱柱型 Zn 硅纳米管的 Mulliken 电荷分布[94]

体系	Spin	Mulliken Atomic Charges				
		Zn（1）	Zn（2）	Zn（3）	Zn（4）	Zn（5）
$Si_{16}Zn_3$	1	-1.151	0.684	-1.143		
$Si_{36}Zn_5$	1	-0.063	-0.249	-0.427	-0.249	-0.063
$Si_{16}Zn_3H_{8a)}$	1	-0.028	-0.128	-0.028		
$Si_{36}Zn_5H_{12a)}$	5	-0.223	-0.845	-0.229	-0.845	-0.223

见参考文献［94］

三、HOMO－LUMO 能隙

有限长棱柱型 Zn 硅纳米管的 HOMO、LUMO 及 HOMO－LUMO 能隙的结果列在表4-6中。计算结果显示，有限长棱柱型 Zn 硅纳米管（四棱柱和六棱柱）的 HOMO 与 LUMO 的值都是正值，说明这2个结构的化学活性比较强，这一结论与无限长棱柱型 Zn 硅纳米管[94]的结论相反，与棱柱型 Cd 硅纳米管的结论也相反。说明 IIB 族元素的周期对其掺杂硅纳米管的前线分子轨道影响比较大。六棱柱型 Zn 硅纳米管的 HOMO－LUMO 能隙比四棱柱的 HOMO－LUMO 能隙小，说明它的化学活性强于四棱柱型 Zn 硅纳米管。两者的 HOMO－LUMO 能隙均小于1.5eV，按照房晓勇在他编著的《固体物理》书中有关物体导电性能与能带关系可知，有限长四棱柱和六棱柱 Zn 硅纳米管均具有半导体性质。

表 4-6 棱柱型 Zn 硅纳米管 HOMO-LUMO 能隙

体系	自旋多重度	对称性	电子态	HOMO /Hartree	LUMO /Hartree	E_{Gap}/eV
$Si_{16}Zn_3$	1	D_{4H}	^1A_1G	0.1831	0.1460	1.0096
$Si_{36}Zn_5$	1	D_{2H}	^1AG	0.1888	0.1648	0.6531
$Si_{16}Zn_3H_{8a}$	1	D_{4H}	^1A_1G	-0.153	-0.154	0.021
$Si_{36}Zn_5H_{12a}$	5	D2H	5AU	-0.168	-0.155	0.3619

四、电偶极距

在 UB3LYP/LanL2DZ 水平下计算了有限长棱柱型 Zn 硅纳米管的电偶极矩，结果列在表 4-7 中。计算结果表明，四棱柱和六棱柱 Zn 硅纳米管的总电偶极距分别为 5.9088 Debye 和 4.8936 Debye，四棱柱硅纳米管的电偶极距大于六棱柱硅纳米管的电偶极距，说明它们都是极性分子。从表 4-3 中可知，无限长四棱柱锌硅纳米管的电偶极矩比较小，明显小于有限长四棱柱锌硅纳米管的电偶极矩，说明有限长四棱柱锌硅纳米管[94]极性大，说明它的对称性没有无限长四棱柱锌硅纳米管的对称性高。同理，六棱柱锌硅纳米管的极性也大。将二者放在外电场中时，出现的是趋向极化。

表 4-7 棱柱型 Zn 硅纳米管的电偶极距和各坐标轴上的分量

体系	多重度	对称性	电子态	总的电偶极距/Debye	X /Debye	Y /Debye	Z /Debye
$Si_{16}Zn_3$	1	D_{4H}	^1A_1G	5.9088	0.0000	0.0000	5.9088
$Si_{36}Zn_5$	1	D_{2H}	^1AG	4.8936	0.0000	0.0000	4.8936
$Si_{16}Zn_3H_{8a}$	1	D_{4H}	^1A_1G	0.1819	0.0000	0.0000	0.1819
$Si_{36}Zn_5H_{12a}$	5	D_{2H}	^5AU	4.5926	0.0000	0.0000	4.5926

参考文献

［1］ Iijima S. Helical microtubes of graphitic carbon ［J］. Nature, 1991, V354 (7): 56 – 58.

［2］ S. Iijima, T. Ichihashi. Single – shell carbon nanotubes of 1 – nm diameter ［J］. Nature, 1993, 363: 603.

［3］ D. S. Bethune, C. H. Kiang, M. S. de Vries, et al. Cobalt – catalysed growth of carbon nanotubes with single – atomic – layer walls ［J］. Nature, 1993, 363: 605.

［4］ Endo M, Endo M, Koroto H W. Formation of carbon nanotubes ［J］. J. Phys. Chem, 1992, 96: 6941 – 6944.

［5］ T. w. Ebbesen, P. M. Ajayan. large – scale synthesis of carbon nanotubes ［J］. Nature, 1991, 354 (6348): 56 – 58.

［6］ Colbert D T, Zhang J, Mcclure S M, et al. Growth and Sintering of Fullerence Nanotubes ［J］. Science, 1994, 266 (5188): 1218 – 1222.

［7］ Smalley R. E. From buckyballs to nanotubes ［J］. J. Phys. Chem, 1993, 96: 6941.

［8］ Gamaly E. G., Ebbesen T. W. Mechanism of carbon nanotube formation in the arc discharge ［J］. Phys. Rev. B, 1995, 52: 2083.

［9］ 周玉红. 纳米碳管的制备与表征 ［D］. 天津大学硕士学位论文, 2006.

［10］ Zhang Y, Gu H, Iijima S. Single – wall carbon nanotubes synthesized by laser ablation in a nitrogen atmosphere ［J］. App. Phys. Lett, 1998, 73 (26): 3827 – 3829.

［11］ Thess A, Lee R, Nikolaev P, et al. Crystalline ropes of metallic carbon nanotubes ［J］. Science, 1996, 273 (5274): 483 – 487.

［12］ Baker R T K, Harris P S, Thomas R Betal.. Formation of filamentous carbon from iron, cobalt tandchromium catalyzed de – composition of acrtylene ［J］. J. Catal, 1973, 30: 86 – 95.

［13］ Yacaman M J, Yoshida M M. Synthesis and characterization of carbide nanorides ［J］. Nature, 1995, 375 (6534): 769 – 772.

［14］ Ci L J, Wei J Q, Wei B, et al. Carbon nanofibers and single – walled carbon nanotubes prepared by the floating catalylst method [J] . Carbon, 2001, 39 (3): 329 – 335.

[15] Yacamán M J, Yoshicla M M, Randon L. Catalytic growth of carbon nanotube microtubules with fullerence structure [J] . Appl. Phys. Lett, 1993, 62: 202 – 204.

[16] Ivanov V, Nagy J B, Lambia P. , et al . The study of carbon nanotubes produced by catalytic method [J] . Chem. Phy. Lett, 1994, 223, 329 – 335.

[17] Hernadi K, Fonseca A, Nagy J B, et al. Production of nanotubes by the catalytic decomposition of different carbon – containing compounds [J] . Applied Catalysis A: general, 2000, 199: 245 – 255.

[18] Seidel R, Duesberg G S, Unger E, et al. Chemical Vapor deposition growth of single – wall carbon nanotubes at 600° C and a simple growth model [J] . J. Phys. Chem. B, 2004, 108: 1888 – 1893.

[19] Jiang Yang, Wu Yue, Zhang Shu – yuan, et al. A Catalytic – assembly Solvothermal Route to Multiwall Carbon Nanotubes at a Moderate [J] . J Am Chem Soc, 2000, 122 (49): 12383 – 12384.

[20] Vander W R L, Ticich T M. Flame and Furnace Synthesis of Single – walled and Multi – walled Carbon Nanotubes and Nanofibers [J] . J Phys Chem B, 2001, 105: 10249 – 10256.

[21] Cho W S, Hamada E, Kondo Y, et al. Synthesis of carbon nanotubes from bulk polymer [J] . Appl. Phys. Lett, 1996, 69 (2): 278 – 283.

[22] Li Y L, Yu Y D, Liang Y. A novel method for synthesis of carbon nanotubes: Low temperature solid pyrolysis [J] . J Mater Res, 1997, 12 (7): 1678 – 1682.

[23] Kukovitskii E F, Chemozaton L A, Lvov S G, et al. Carbon nanotubes of polyethylence [J] . Chem. Phys. Lett, 1997, 266 (34): 323 – 328.

[24] Lu Yi, Zhu Zheping, Liu Zhenyu. Catalytic growth of carbon nanotubes through CHNO explosive detonation [J] . Carbon, 2004, 42 (2): 361 – 370.

[25] Treacy M M J, Ebbesen T E, Gibson J M. Exceptionally high Young's modulus observed for individual carbon nanotubes [J] . Nature, 1996, 381: 678 – 680.

[26] Schadle L. S. , Giannaris S. C. Ajyan P. M.. Transfer in carbon nanotube epoxy composites [J] . Appl. Phys. Lett, 1998, 73 (26): 3842 – 3844.

[27] Ajyan P. M. , Schadle L. S. , Giannaris S. C. , et al. Single – walled carbon nanotube – polymer composites: Strength and weakness [J] . Advances materials, 2000, 12 (10): 750 – 753.

［28］ Wanger H. D. , Lourie O. , Feldman Y. , et al. Stress – induced fragmentation of multiwall car-bon nanotubes in a polymer matrix ［J］. Appl. Phys. Lett, 1998, 72 （2）: 188 – 190.

［29］ Dresselhaus M S, Dresselhaus G, Satio R. . Physics of carbon nanotubes ［J］. Carbon, 1995, 33 （7）: 883 – 891.

［30］ Hamada N, Sawada S I, Oshiyama A. New one – dimensional conductors: grsphitic microtubles ［J］. Phys. Rev. Lett, 1992, 68 （10）: 1579 – 1581.

［31］ Ebbesen T W, Lezec H J, Hiura H, et al. Electrical conductivity of individual carbon nanotubes ［J］. Nature, 1996, 382: 54 – 56.

［32］ De Heer W A, Bacsa W S, Ugarte D, et al. Aligned carbon nanotubes films: production and op-tical and electrical properties ［J］. Science, 1995, 268: 845 – 847.

［33］ Wei C. , Srivastava D. , Cho K. Thermal expansion and diffusion coefficients of carbon nanotube – polymer composites ［J］. Nano lett, 2000, 2 （6）: 647 – 650.

［34］ Biercuk M. J. , Llaguno M. C. , Radosavkjevic M. , et al. Carbon nanotube composites for thermal management ［J］. Appl. Phys. Lett, 2000, 80 （15）: 2767 – 2769.

［35］ Bockrath M, Cobden D H, McEuen P, et al. Single – electron transport in ropes of carbon nano-tubes, Science, 1997, 275: 1922 – 1925.

［36］ Berber S, Kwon Y – K, Tománek D. Unusually high thermal conductivity of carbon nanotubes ［J］. Phys. Rev. Lett, 2000, 84: 4613.

［37］ Murakami Y, Shibata T, Okuyama K, et al. Structure, magnetic and superconducting properties of graphite nanotubes and their encapsulation compounds, Journal of Physics and Chemistry of Solids, 1993, 54 （12）: 1861 – 1870.

［38］ Tang Z K, Zhang L Y, Wang N, et al. Superconductivity in 4 angsrtorm single – walled carbon nanotubes ［J］. Science, 2001, 292 （5526）: 2462 – 2465.

［39］ E. Kymakis, G. A. amaratunga J. Single – wall carbon nanotube/conjugated polymer phorovaltaic devices ［J］. Appl. Phys. Lett, 2000, 80 （1）: 112 – 114.

［40］ Ball P. Roll up for the revolution ［J］. Nature, 2001, 414: 142.

［41］ Sevice R F. Superstrong nanotubes show they are smart, too ［J］. Science, 1998, 281: 940.

［42］ Kong J, Franklin N R, Zhou C W, et al. Nanotube Molecular as Chemical Sensors ［J］. 2000, 287: 622 – 625.

［43］ 瞿万云. α – 萘胺在多壁碳纳米管 – DHP 膜修饰电极上的电化学行为及其测定 ［J］. 分

析科学学报, 2006, 22 (1): 55-58.

[44] Valentini F, Orlanducci S, Letizia M T, et al. Carbon Nanotubes as Electrode Materials for the Assembling of New Electrochemical Biosensors [J]. Sensors Acruators B, 2004, 100: 117-125.

[45] Rochette J F, Sacher E, Luong H T, et al. A Mediatorless Biosenor for Putrescine Using Multi-walled Carbon Nanotubes [J]. Analytical Biochemistry, 2006, 336: 305-311.

[46] Frackowisk E, Gautier S, Gawcher H, et al. Electrochmical srorage of lithium multiwalled carbon nanotubes [J]. J Power Sources, 1999, (81~82): 317-322.

[47] Mukhopadhyay I, Hoshino N, Kawasaki S, et al. Electrochemical Li insertion in B-doped multiwall carbon nanotubes [J]. Cheminform, 2002, 33 (12): 99-102.

[48] Lau K T, Hui D. The revolutionary creation of new advanced materials carbon nanotube composites [J]. Composites part B, Eng, 2002, 33: 263-277.

[49] Belin T, Epron F.. Characterization methods of carbon nanotubes: a review [J]. materials science and Engineering B, 2005, 119 (2): 105-108.

[50] Gadd G E, Blackford M, Moricca S, et al. The World's Smallest Gas Cylinders [J]. Science, 1997, 277: 933-936.

[51] Dillon A C, Jones K. M., Bekkedahl T A. Storage of hydrogen in single-walled carbon nanotubes [J]. Nature, 1997, 386: 377-379.

[52] Dillon A C, Gennet, T, Alleman L, et al. Proceedings of the US DOE Hhydrogen Program Review [J]. Audtralia, 2000.

[53] Lee S M, Park K S, Choi Y C, et al. Hydrogen adsorption and storage in carbon nanotubes [J]. Synthetic Metals, 2000, 113: 209-216.

[54] Niu C, Siche E K, Hock R. High power electrochemical capacitors based on carbon nanotube electrodes [J]. Appl. Phys. Lett., 1997, 70 (11): 1480-1482.

[55] Ma R Z, Liang J, Wei B Q, et al. Study of electrochemical capatitors utilizing carbon nanotube eledodes [J]. Journal of Power sources, 1999, 34: 126-129.

[56] Gupta V, Miura N. Polyaniline/single-wall Carbon Nanotube (PANI/SWCNT) Composites for High Performance Supercapacitors [J]. Electrochimica Acta, 2006, 52 (4): 1721-1726.

[57] Du Chun-sheng, Pan Ning. Supercapacitors Using Carbon Nanotubes Films by Electrophoretic Deposition [J]. Journal of Power sources, 2006, 160: 1487-1494.

[58] Fan Zhen, Chen Jin-hua, Wang Ming-yong, et al. Preparation and Characterization of Man-

ganese Oxide/CNT composition as Supercapacitive materials [J]. diamond & Related Materials, 2006, 15: 1478 – 1483.

[59] Frackowiak E, Beguin F. Carbon materials for the electrochemical storage of energy in capacitors [J]. carbon, 2001, 39: 937 – 950.

[60] Mintmire J W. Dunlap B I, White C T., Are fullerene tubules metallic [J]. Phys Rev. Lett, 1992, 68 (5): 631 – 634.

[61] Hamada N, Savada S, Oshiyama A.. New one – dimensional conductors: Graphitic microtubules [J]. Phys. Rev. Lett, 1992, 68 (10): 1579 – 1581.

[62] Wen Zhenhai, Lu Ganhua, Mao shun, et al. Silicon nanotubes anode for lithium – ion batteries [J]. Electrochemistry communications, 2013, 29: 67 – 70.

[63] Ezawa Morohiko. Dirac theory and topological phases of silicon nanotubes [J]. EPL, 2012, 98 (6): 7001.

[64] Bai J, Zeng X. C.. Silicon bsesd half – metal: metal – encapsulated silicon nanotube [J]. Nano, 2007, 2 (2): 109 – 114.

[65] Jeong Huisu, Lee Heon, Jung Young. Enchanced light absorption of silicon nanotube arrays for orgqanic/inorganic hubrid solar cells [J]. Adv. Mater, 2014, 26: 3445 – 3450.

[66] Li Ming, Huang Xiaobo, Kang Zhan. Hydrogen adsorption and desorption with 3D silicon nanotube – network and film – network structures: Monte Corlo simulations [J]. J. Appl. Phys, 2015, 118. 084303.

[67] Fagan S B., Baierle R. J.. Ab initio calculations for a hypothetical material: Silicon nanotube [J]. Phys Rev. B, 2000, 61: 9994 – 9996.

[68] Zhang M., Kan Y. H., zhang Q. J.. Investigation of Possible Structures of Silicon Nanaotubes via Density – Functional Tight – Binding Molecular Dynamics and ab Initio Calculations [J]. Chemical Physics Letters, 2003, 379: 81 – 86.

[69] Barnard A. S., Russo S. P.. Structure and Energetics of Single – Walled Armchair and Zigzag Silicon Nanotubes [J]. Phys. Chem. B, 2003, 107: 7577 – 7581.

[70] Zhang R. Q., Lee S. T., Chi – Kin Law, et al. Silicon nanotubes: Why not [J]. Chemical Physics Letters, 2002, 364: 251 – 258.

[71] 罗强, 张强, 张智仆, 等. 硅纳米管结构和电子性质的第一性原理研究 [J]. 材料与结构, 2012, 49 (3): 152 – 155.

[72] Mahmoud Mirzaei. Formations of boron – doped and nitrogen – doped silicon nanotubes: DFT

studies ［J］. Superlattices and Microstructures, 2013, 64：52 –57.

［73］ Surjeet Kumar Chandel, Kumar Arun, Ahluwalia P. K. , et al. Structural, electronic and optical properties of armchair silicon nanotube of chirality (6, 6) ［J］. AIP Conference Proceedings, 2015, 1591 (1)：531.

［74］ Tong Jie, Zhang Minghao , Lei Yuqing. Effect of dimension parameters on the optical properties of a single silicon nanotube ［J］. 2020, 204：164164.

［75］ G. Seifert, Th. Köhler, H. M. Urbassek, et al. Tubular structures of silicon ［J］. physical review B, volume 63：193409.

［76］ Ponomarenko O. , Radny M. W. , P. V. Smith. . Energetics of finite, clean and hydrogenated silicon nanotubes ［J］. Surface Science, 2004, 562：257 –268.

［77］ Guo Lingju, Zheng Xiaohong, Liu Chunsheng, et al. An ab initio study of cluster –assembled hydrogenated silicon nanotubes ［J］. Computational and Theoretical Chemistry, 2012, 982：17 –24.

［78］ Guo Lingju, Zheng Xiaohong, Zeng Zhi. Transition metal encapsulated hydrogenated silicon nanotubes：Silicon –based half –metal ［J］. Physics Letters A, 2011, 375 (47)：4209 –4213.

［79］ Menon M, Andriotis AN, Froudakis G. Structure and Stability of Ni –Encapsulated Si Nanotube ［J］. Nano Lett. , 2014, 2 (4)：301 –304.

［80］ Andriotis A. N. , Mpourmpakis G. , Froudakis G. E. , et al. Stabilization of Si –based cage clusters and nanotubes by encapsulation of transition metal atoms ［J］. New J. phys, 2002, 4：78.

［81］ Singh, A. K, Kumar, Kumar V. Briere T M, et al. Cluster Assembled Metal Encapsulated Thin Nanotubes of Silicon ［J］. Nano Lett, 2002, 2 (11)：1243 –1248.

［82］ H. Hiura, T. Miyazaki T. Kanayama, Formation of metal –encapsulatiing Si cage clusters ［J］. Phys. ReV. Lett. , 2001, 86：1733.

［83］ J. I. Lee, Y. R. Jang, C. Jo, et al. Magnetic properties of transition metal atoms doped in silicon nanotubes with hexagonal prism structure ［J］. IEEE Transactions on Magnetics, 2005, 41 (10)：3118 –3120.

［84］ Mu C, Yu Y, Liao W, et al. Controlling growth and field emission properties of silicon nanotube arrays by multistep template replication and chemical vapor deposition. ［J］ Appl. Phys. Lett, 2005, 87：113104.

［85］ Chen Y W, Tang Y H, Pei L Z, et al. Self – assembled silicon nanotubes under supercritically hydrothermal condition. ［J］. Phy Pev Lett, 2005, 95（11）：116102.

［86］ Crescenzi M. , Castrucci P. , Scarselli M, et al. Experimental imaging of silicon nanotubes. ［J］. Appl. Phys. Lett, 2005, 86：231901 – 231903.

［87］ Nadezda P, Andrew S, Ross , et al. Large – area fabrication of vertical silicon nanotube arrays via toroidal micelle self – assembly, Langmuir, 2021, 37（5）：1932 – 1940.

［88］ Jeong S Y, Kim J Y, Yang H D, et al. Synthesis of silicon nanotubes on porous alumina using molecular beam epiaxy. ［J］. Adv Mater, 2003, 15（14）：1172.

［89］ Hu. J Q, Bando Y, Liu Z W, et al. synthesis of crystalline silicon tubular nanostructures with ZnS nanowire as removable templates ［J］. Angew Chem Int Ed, 2004, 43（1）：63 – 66.

［90］ Ambika R, Srinivasan R. Sensitivity of Silicon Nanotube Field Effect Transistor to Structural Process Parameters ［J］. Advances in Natural Sciences – Nanoscience and Nanotechnology, 2018, 9（3）：035015 – 035015.

［91］ Wang F, Deng Y, Yuan C . Comparative Life Cycle Assessment of Silicon Nanowire and Silicon Nanotube Based Lithium Ion Batteries for Electric Vehicles, Procedia CIRP, 2019, 80：310 – 315.

［92］ Yan L, Li Y, Yang B, et al. Titanium oxide（TiO）and Ruthenium dioxide（RuO_2）attached to silicon nanotube（7, 0）as electrodes of lithium – , sodium – and potassium – ion batteries：Computational investigation ［J］. Tetrahedron Letters, 2019, 60（37）：150933.

［93］ 房晓勇, 刘竞业, 杨会静. 固体物理学 ［M］. 哈尔滨：哈尔滨工业大学出版社, 2004, 2：214.

［94］ 李英, 无限长掺杂 Zn 棱柱型硅纳米管的理论研究 ［J］. 商洛学院学报, 2011, 25（4）：14 – 17.